国家出版基金项目
NATIONAL PUBLICATION FOUNDATION

现代水声技术与应用丛书
杨德森　主编

水下声传感器及其工程应用

洪连进　　王哲睿　　吴明泽　　著

科学出版社
龙门书局
北　京

内 容 简 介

本书首先介绍了水下声传感器的基本理论，在此基础上，结合科研实际，系统阐明了水下声矢量传感器设计的基本理论、测试校准以及工程应用等。全书共 7 章，包括概述、传感器的基本知识、水下声学的基础理论、水下声传感器及其性能测试、矢量水听器的工程应用、高指向性矢量水听器等内容。本书还给出了水下声传感器在水池和湖、海的一些试验结果。

本书可供水声工程领域的技术人员使用，也可作为高等院校水声工程专业高年级本科生、研究生的参考书。

图书在版编目（CIP）数据

水下声传感器及其工程应用 / 洪连进，王哲睿，吴明泽著. —北京：龙门书局，2023.12
（现代水声技术与应用丛书/杨德森主编）
国家出版基金项目
ISBN 978-7-5088-6375-7

Ⅰ. ①水⋯ Ⅱ. ①洪⋯ ②王⋯ ③吴⋯ Ⅲ. ①水声通信－传感器－研究 Ⅳ. ①TN929.3

中国国家版本馆 CIP 数据核字（2023）第 246207 号

责任编辑：王喜军　高慧元　张　震 / 责任校对：崔向琳
责任印制：徐晓晨 / 封面设计：无极书装

科 学 出 版 社　出版
龙 门 书 局
北京东黄城根北街 16 号
邮政编码：100717
http://www.sciencep.com

三河市春园印刷有限公司 印刷
科学出版社发行　各地新华书店经销

*

2023 年 12 月第 一 版　开本：720 × 1000　1/16
2023 年 12 月第一次印刷　印张：12
字数：249 000

定价：118.00 元
（如有印装质量问题，我社负责调换）

丛 书 序

海洋面积约占地球表面积的三分之二，但人类已探索的海洋面积仅占海洋总面积的百分之五左右。由于缺乏水下获取信息的手段，海洋深处对我们来说几乎是黑暗、深邃和未知的。

新时代实施海洋强国战略、提高海洋资源开发能力、保护海洋生态环境、发展海洋科学技术、维护国家海洋权益，都离不开水声科学技术。同时，我国海岸线漫长，沿海大型城市和军事要地众多，这都对水声科学技术及其应用的快速发展提出了更高要求。

海洋强国，必兴水声。声波是迄今水下远程无线传递信息唯一有效的载体。水声技术利用声波实现水下探测、通信、定位等功能，相当于水下装备的眼睛、耳朵、嘴巴，是海洋资源勘探开发、海军舰船探测定位、水下兵器跟踪导引的必备技术，是关心海洋、认知海洋、经略海洋无可替代的手段，在各国海洋经济、军事发展中占有战略地位。

从 1953 年中国人民解放军军事工程学院（即"哈军工"）创建全国首个声呐专业开始，经过数十年的发展，我国已建成了由一大批高校、科研院所和企业构成的水声教学、科研和生产体系。然而，我国的水声基础研究、技术研发、水声装备等与海洋科技发达的国家相比还存在较大差距，需要国家持续投入更多的资源，需要更多的有志青年投入水声事业当中，实现水声技术从跟跑到并跑再到领跑，不断为海洋强国发展注入新动力。

水声之兴，关键在人。水声科学技术是融合了多学科的声机电信息一体化的高科技领域。目前，我国水声专业人才只有万余人，现有人员规模和培养规模远不能满足行业需求，水声专业人才严重短缺。

人才培养，著书为纲。书是人类进步的阶梯。推进水声领域高层次人才培养从而支撑学科的高质量发展是本丛书编撰的目的之一。本丛书由哈尔滨工程大学水声工程学院发起，与国内相关水声技术优势单位合作，汇聚教学科研方面的精英力量，共同撰写。丛书内容全面、叙述精准、深入浅出、图文并茂，基本涵盖了现代水声科学技术与应用的知识框架、技术体系、最新科研成果及未来发展方向，包括矢量声学、水声信号处理、目标识别、侦察、探测、通信、水下对抗、传感器及声系统、计量与测试技术、海洋水声环境、海洋噪声和混响、海洋生物声学、极地声学等。本丛书的出版可谓应运而生、恰逢其时，相信会对推动我国水声事业的发展发挥重要作用，为海洋强国战略的实施做出新的贡献。

在此，向 60 多年来为我国水声事业奋斗、耕耘的教育科研工作者表示深深的敬意！向参与本丛书编撰、出版的组织者和作者表示由衷的感谢！

中国工程院院士　杨德森

2018 年 11 月

自　序

　　人类对神秘海洋中各种信息的深入研究，产生了各种用途的水下声学系统。这些系统均是以声波作为水下信息的载体，因此，能够有效拾取水下信息的声传感器成为水声系统中最为关键的部件。目前，水声学科各研究领域对水下声传感器的需求日益迫切，特别是我国矢量水听器技术的快速发展，极大地促进和推动了与矢量水听器技术有密切关系的传感器研究工作。在此背景下，作者收集、整理了多年来从事水下声传感器及其工程应用方面的研究成果，给出了水下声传感器的基本知识、工作特性，以及水下声学的基本理论知识。本书围绕几种可以构成水声系统的声传感器，在水下声信号的获取手段、声信号的测量原理、水下声传感器性能参数的测试方法、矢量水听器的实际工程应用等方面做了详尽的描述，最后介绍了高指向性矢量水听器的相关研究结果。

　　全书共 7 章。前两章对传感器技术进行基本概述，并给出传感器的一些特性，包括传感器的静态特性和动态特性；第 3 章介绍水下声学的基础理论，给出声学的基本物理量及水下声波的基本特点；第 4 章介绍水下声传感器的相关知识，包括水下声信号的测量原理、水下声传感器的基本类型；第 5 章介绍水下声矢量传感器的性能测试；第 6 章介绍矢量水听器的工程应用，包括水下自由声场中的应用和在舰船等载体上的应用；第 7 章介绍高指向性矢量水听器的相关知识。

　　本书汇集了作者多年来对水下声传感器及其工程应用的研究成果，以及哈尔滨工程大学的周宏坤博士、孙心毅博士等在校期间所做的工作成果。

　　由于作者水平有限，书中疏漏之处在所难免，敬请读者批评指正。

作　者

2023 年 7 月

目　　录

第1章 概　　述

1.1　水声工程中传感器的作用与地位

传感器是一种物理装置或生物器官，能够探测、感受外界的信号、物理条件或化学组成，并将探知的信息传递给其他装置或器官。就像人们获取外界信息必须借助于感觉器官来传达外界信息的动态一样，生活中自然现象和规律以及生产活动中信息感应就需要用到传感器。

世界已经进入信息化时代，新技术革命已经到来。在利用信息的过程中，首先要解决的就是要获取准确可靠的信息，而传感器是获取自然和生产领域中信息的主要途径与手段。在现代工业生产尤其是自动化生产过程中，需要用到各种传感器来监视和控制生产过程中的各个参数，使设备工作于正常或最佳状态，使生产出来的产品达到最好的质量。可以这么说，如果没有众多传感器的支持，现代化生产也就失去了基础。现代信息产业的三大支柱是传感器技术、通信技术和计算机技术，它们分别构成了信息系统的"感官""神经"和"大脑"。传感器是信息采集系统的首要部件，各个国家都非常重视传感器技术的发展。

在基础学科研究中，传感器更具有突出的地位。现代科学技术的发展进入了许多新领域，例如，在宏观上要观察上千光年的茫茫宇宙，微观上要观察小到微米、纳米的粒子世界，纵向上要观察长达数十万年的天体演化，达到毫秒级的瞬间反应。此外，还出现了对深化物质认识，开发新能源、新材料等具有重要作用的各种极端技术研究，如超高温、超低温、超高压、超高真空、超强磁场、超弱磁场等。显然，要获取大量人类感官无法直接获取的信息，没有相适应的传感器是不可能的。许多基础科学研究的障碍，首先就在于对象信息的获取存在困难，而一些新机理和高灵敏度的检测传感器的出现，往往会导致该领域内的突破。一些传感器的发展，往往是一些边缘学科开发的先驱[1-5]。

传感器早已渗透到诸如工业生产、宇宙开发、海洋探测、环境保护、资源调查、医学诊断、生物工程甚至文物保护等极其广泛的领域。可以毫不夸张地说，从茫茫的太空，到浩瀚的海洋，乃至各种复杂的工程系统，几乎每一个现代化项目，都离不开各种各样的传感器。由此可见，传感器技术在发展经济、推动社会进步方面的重要作用是十分明显的。世界各国都十分重视这一领域的发展。相信不久的将来，传感器技术将会出现一个飞跃，达到与其重要地位相称的新水平。

在防空雷达（图 1.1）、电视等无线电设备中，都有一个天线，用它来接收和发射电磁波。同样，在利用声波传递能量和信息的设备中，也都需要一个相应的组成部分来接收和发射声波，而且它还需要把接收来的声波所携带的能量和信息转换成电的能量和信息，或者反之。在水声工程中把这个组成部分称为水声换能器，或简称换能器。把声能转换为电能的换能器，称为接收器；把电能转换为声能的换能器，称为发射器。从水声发展史来看，水声技术的每一步发展都离不开水声换能器技术的发展，图 1.2 为潜艇上安装的由换能器构成的球形声呐[6]。

图 1.1　防空雷达

图 1.2　安装在潜艇上的球形声呐

　　早在 19 世纪，由于一批物理学家都对换能器现象感兴趣，他们在水声事业的发展中不约而同地联系在了一起。在 1840 年就已发现，当线圈中电流变化时，或线圈中的电流受马蹄形磁铁扰动时皆会发生响声，这是最早的磁致伸缩演示实验。1840 年，焦耳定量测量了磁致伸缩引起的长度变化。因此，一般认为焦耳是磁致伸缩现象的发现者。1880 年，皮埃尔·居里和雅克·居里发现了压电效应，当压缩某种晶体时，在某一晶面上会出现电荷。在此之前，有些科学家曾在压电效应方面做过一些试验。库仑预言过，加压可能会产生电荷；而伦琴也曾著文叙述在应力作用下不同晶面上将出现电荷。这些研究工作奠定了水声换能器发展的基础，也成为了声呐发展的基石。在 19 世纪，为了解决回声定位的问题，美国科学家设计和制造了一种新型动圈式换能器，这种动圈式换能器既可以用作水下通信，又能用来回声定位。利用这项水声换能器技术，在 1914 年，人们就能远距离探测到冰山了。费森登（Fessenden）的振荡器工作在 500～1000Hz，在第一次世界大战时曾被美国潜艇装用，完成潜艇下潜状态的相互通信。在这个时期，俄罗斯年轻的电气工程师康斯坦丁·奇科斯基与著名的物理学家朗之万合作，利用电容（静电）发射换能器和一只放在凹曲面焦点上的碳微粒微音器进行试验，在 1916 年收到了海底回波以及 200m 外的一块装甲板的回波。在 1917 年，朗之万转向压电效应研究，并用石英-钢的夹心换能器来代替电容发射器。利用该项研究成果，1918 年第一次收到了潜艇的回波，有时甚至可远至 1500m。第一次世界大战结束以后，水声的实际应用继续发展，约在 1925 年将回声探测设备定名为探测仪[7-10]。当时的美国海军研究实验室正在寻求各种对舰艇进行回声定位的实用方法。在这个时期，磁致伸缩发射换能器技术解决了回声定位中的发射换能器需要足够功率的问题；用酒石酸钾钠的合成晶体代替了压电换能器的主要材料（天然石英），扩展了压电换能器的材料来源[7, 8]。随着第二次世界大战的逼近和水声换能器技术的发展，美国于 1938 年开始批量生产声呐。在第二次世界大战初期，大批美国舰艇都装上了水声听测设备和回声定位设备。第二次世界大战结束后至 20 世纪 60 年代，水声换能器技术的发展重点表现在两个方面：一是压电陶瓷材料的工程应用；二是追求高性能的水声换能器的设计。在这将近 20 年中，依靠水声换能器技术的发展，声呐装备的工作频段得以向低频发展，声呐的作用距离明显提高，为声呐的可靠工作创造了条件。从 20 世纪 60 年代至今，相关学者研究了很多高性能的换能器材料，加强了水声换能器的可靠性设计工作。所有这些水声换能器的发展，为新型声呐的发展奠定了重要的基础。拖曳线列阵声呐在世界主要国家海军中的使用、舷侧线阵声呐的大力发展、主动拖曳线列阵声呐的研制成功等，这些都离不开水声换能器技术的发展。

　　近代水声换能器技术的发展支撑了近代声呐的发展，这个作用是明显的。随着各种新材料的广泛应用以及水声换能器设计技术的提高，人们可以成功研制出各种用途的水声换能器，为水声工程中的诸多任务提供有力的保障。

1.2　传感器的发展趋势

所谓现代传感器（或称新型传感器）是指近十几年研究开发出来的、已经或正在走向实用化的传感器。现代传感器是现代科学技术迅猛发展的产物，其名称具有两方面的含义：第一，与传统的、常见的传感器相比，现代传感器问世时间较短，仅十多年历史；第二，相对于传统的结构型传感器而言，现代传感器大部分属于物性型传感器。它是借助于现代的先进科学技术研发出来的传感器[1, 10]。

1.2.1　声学量传感器

声学量传感器近几十年有了新发展，其中以硅、光波导和聚合物制造的传感器发展更为突出。在空气介质中应用时，声学量传感器也被称为传声器，俗称话筒，通常也称为麦克风（microphone，图 1.3），传声器是录音棚、电影电视录音、音乐语言扩声和通信设备拾取语言信号必不可少的电声器件。在海洋、湖泊等水介质中应用时，声学量传感器被称为声压水听器（图 1.4），声压水听器是拾取水下声场信息的重要手段之一。声学量传感器是一种将声信号转变为电信号的换能器。在水声工程领域常用的有丹麦 BK-8100 系列的水听器、美国 USRD 系列的水听器，以及我国国防水声计量一级站研制的 RHS、RHC 和 RHA 系列的水听器[11-14]。

图 1.3　麦克风

图 1.4　水听器

目前已研制出超小型硅传声器，属于电容式传感器，频响可达 20kHz，可与常规电容式传感器相比。声波可调制光波导或光纤中光束的相位和强度，从而制成声传感器。

超声波传感器、距离传感器近几年也有很快的发展，由超声测距、导航向超声成像方向发展。国际上已研制出探测距离为 10mm、分辨力为 0.1mm 的超声波传感器，这使超声波传感器在最小探测距离和精度上都有所突破。

智能化发展是欧盟战略的一个重要目标，智能城市建设则是其中的重中之重。目前，由欧盟资助的研发团队开发了一种智能声传感器，并在西班牙桑坦德成功应用。该智能声传感器集成了先进的声学分析技术，能够有效地对捕获的各种声音进行智能鉴别，为管理交通、能耗、环保等提供便利，让城市变得更方便、更舒适、更可持续。例如，它能够对捕获的救护车警报声进行智能识别，据此判断救护车行驶的方向，从而通过城市智能交通网调节交通信号灯，以使救护车能无阻碍地快速抵达目的地。此外，通过监控市区内的噪声水平，该智能声传感器也可以实时地反映市区交通拥堵状况、停车场的空闲程度等，提供给需要的部门或者个人做参考。相比视频监控等方式，智能声传感器能更早地发现一些紧急情况进行预警，并且成本更低廉，其未来的应用前景十分广阔。在开发出智能声传感器的基础上，有望构建城市的"声学基础设施"，以便进一步提高城市智能化水平。

1.2.2　力学量传感器

在整个传感器领域中，力学量传感器是应用面最广、需求最大的品种。主要用于力、压力、加速度、液位等多种物理量的测试和转换。长期以来，国内外力学量传感器一直以电阻应变式为主，其中主要是金属箔式、硅压阻式两种。金属箔式应变计灵敏度低、应变系数仅为 2，采用应变胶粘贴，易受温度、湿度等环境条件影响，并随时间老化，产生零点漂移，迟滞增大，传感器性能随时间变化；硅压阻式应变系数高，然而因材料对温度非常敏感，环境温度影响大，工作温度范围窄（一般不超过 60℃），而且测量腐蚀性流体压力需要隔离、结构复杂、成本高，使其应用受到限制。虽有薄膜应变式等新型力学量传感器出现，但因成本高等多种因素，难以满足日益增长的石化、冶金、工业过程控制等需求。厚膜力学量传感器为新型电阻应变式力学量传感器。近年来，随着其推广应用的不断扩大以及国外产品的进口，在国内外备受关注，已成为传感技术领域的高新技术和前沿之一[1, 4, 10]。

半导体压力传感器领域目前正开展多种新型弹性体结构的研究，如矩形双岛膜结构，巧妙地利用了应力集中效应和非线性补偿以获得高灵敏度和高线性度。外应力高度集中于沟槽内，故器件的压力灵敏度比 C 型硅杯结构高 5 倍，可实现非线性补偿和过压保护。传统的力传感器在改善性能的同时也向多维力传感器发展，六维力传感器研究和应用是多维力传感器的研究热点。力敏传感器的最新发展是从点的"测量"向"状态的识别"前进，我国研制的柔性光学阵列触觉，结构柔性很好，能抓紧和识别钢球和鸡蛋，而获取硬币的触觉图像比人更胜一筹，已用于机器人分选物品。

加速度传感器也属于力学量传感器，传统的常用加速度传感器是压电式传感器，近些年来，工作模式已由压缩式发展成弯曲型和剪切型，新研制的压电加速度传感器的质量很小；低频、低 g 值、高灵敏度集成电路式压电加速度传感器具有极高的信噪比，可以检测距离高速数百米处由汽车行驶引起的地面振动。

恩德福克公司研制了一款整体式结构的压阻式加速度传感器，是目前国际上量程最大（200000g）、频响最好（150kHz）的加速度传感器。在国际固态传感器会议上报道了三种半导体 g 值开关，测量范围为 230g～11000g，各方向抗冲击过载 30000g。加拿大阿尔伯塔大学微电子中心研制了厚 2.2μm、长 180μm、宽 800μm 的半导体加速度开关，可分级测量 20000g 的加速度，体积小、成本低、数字化是这种 g 值开关的突出特点。

集成化和多功能复合加速度传感器是近期的研究热点之一，多个敏感元件和电路集成在一起，能完成多维信息检测和多种信息检测。例如，美国研制的单片硅加速度传感器，可以同时测量 3 个线加速度、3 个角加速度和 3 个角速度。

1.2.3　光学量传感器

光学量传感器是工作在可见光或红外光环境中的电子探测器，它将光信号转化成电信号。通常，光学量传感器是一个大型光学检测系统的一部分，输出的电信号通过不同方式被解释或分析，得出的结果包括人像捕捉、图像呈现、物体移动和物体位置等。光学量传感器有许多优点，如非接触和非破坏性测量、几乎不受干扰、高速传输以及可遥测、遥控等。光学量传感器广泛应用于消费电子、航天航空、国防科研、信息产业、机械自动化、电力能源、智能交通、生物医疗等领域。

由于手持设备对光学量传感器需求的增长，如平板电脑和智能手机，全球光学量传感器市场正在快速增长。目前，智能手机和平板电脑是市场增长的主要贡献者，只要该市场持续存在，那么对光学量传感器（如环境光和接近传感器）的需求也将保持增长。另外，与其他传感器相比，互补金属氧化物半导体（complementary metal-oxide-semiconductor，CMOS）图像传感器市场比较好，这主要归因于其广泛的用途。CMOS 图像传感器的应用领域从手机摄像头到医学成像，从汽车倒车影像到安防监控，CMOS 图像传感器的广泛应用使得其成为光学量传感器市场中最大的细分领域。

全球自动化行业，尤其是生产过程自动化和工业自动化的市场增长率保持在 6.3%左右。该行业是全球光学量传感器市场的主要增长驱动力之一。光学量传感器在自动化领域的应用越来越多,体现在不同的垂直行业,如食品加工、化学制品、石油化工、造纸和纸浆、包装等。基于机器视觉的设备使用 CMOS 图像传感器来监控装配线或其他自动化工艺流程。色彩传感器则用于包装、食品和饮料加工。与 CMOS 图像传感器相比,色彩传感器更便宜、检测更快速,也更容易更换[1,4,5]。

光纤式传感器是近几十年发展的现代传感器,它是将一根传感光纤沿作用场(压力、应变、温度等)排布,并采用独特的探测技术,对沿光纤式传感器传输路径上场的空间分布和随时间变化信息进行测量与监控。此类传感器只需一个光源和一套探测线路,集传感与传输于一体,可实现远距离测量与监控。由于同时获得的信息量大,单位信息所需的费用显著降低,从而可以获得高性价比。因此,它是一类能与任何点式传感器竞争的十分有前景的传感器,近年来备受人们重视。

1.3 传感器的分类

目前对传感器尚无统一的分类方法,但比较常用的有如下几种。

1. 按照传感器的物理量分类

按物理量分类,传感器可分为力学量传感器、热学量传感器、光学量传感器、磁学量传感器、电学量传感器、声学量传感器和射线传感器。

2. 按照传感器的测量原理分类

按测量原理分类,传感器可分为应变式传感器、压阻式传感器、压电式传感器、光电式传感器、电感式传感器、电压传感器、霍尔传感器、光电传感器、光栅传感器、热电偶传感器等,这些传感器的测量原理主要是基于电磁测量原理和固体物理学理论。例如,根据变电阻的原理,相应的有应变式传感器;根据变磁阻的原理,相应的有电感式传感器、差动变压器式传感器、电涡流式传感器。

3. 按照传感器的转换能量方式分类

(1)能量转换型:这种传感器是直接由被测对象输入能量使其工作的,如热电偶温度计、弹性压力计等。但由于这类传感器是被测对象与传感器之间的能量传输,必然导致被测对象状态的变化,而造成测量误差,如压电式、热电偶、光电式传感器等。

(2)能量控制型:传感器是从外部供给辅助能量使其工作的,并由被测量来控制外部供给能量的变化。例如,电阻应变测量中,应变计接于电桥上,电桥工作能源由外部供给,而由被测量变化所引起的应变计的电阻变化来控制电桥的不平衡程度。电感式测微仪、电容式测振仪等均属此种类型。

4. 按照传感器的工作机理分类

（1）结构型：结构型传感器是依靠传感器结构参数的变化而实现信号转换的。例如，电容式传感器依靠极板间距离变化引起电容量变化；电感式传感器依靠衔铁位移引起自感或互感变化等。

（2）物性型：物性型传感器是依靠敏感元件材料本身物理性质的变化来实现信号变换的。例如，利用水银的热胀冷缩现象制成水银温度计来测温；利用石英晶体的压电效应制成压电测力计等。

一般而言，物性型传感器对物理效应和敏感结构都有一定要求，但侧重点不同。结构型传感器强调要依靠精密设计制作的结构才能保证其正常工作；而物性型传感器则主要依靠材料本身的物理特性、物理效应来实现对被测量的敏感[1, 5, 10]。

5. 按照工作时是否需要外加电源分类

按照这种分类方法，可分为有源传感器和无源传感器。有源传感器敏感元件工作时需要外加电源，如应变式传感器等；无源传感器工作时不需要外加电源，如电动式传感器、压电式传感器等。

6. 按照传感器的输出信号形式分类

（1）模拟式：传感器将诸如应变、压力、位移、加速度等物理量转换为电量（电压、电流）模拟输出。

（2）数字式：传感器将被测量转换为数字信号输出，如编码器式传感器、光栅传感器等。

由于许多新效应、新材料不断被发现，新的加工工艺不断发展和完善，近十几年来开发出了各种现代传感器，传感器家族增添了许多新成员，使传感器的分类很难统一、完备。不同的研究分类方法略有不同。根据前面介绍的传感器分类可以概括为表 1.1。

表 1.1　传感器的分类

分类方法	传感器的种类	备注
按感知被测量所依据的基本效应分类	物理传感器	基于物理效应（光、磁、声、热）
	化学传感器	基于化学效应（吸附、选择性）
	生物传感器	基于生物效应（酶、抗体、激素等分子识别和选择功能）
按被测量分类	压力、位移、速度、加速度、温度、湿度、气体成分等传感器	传感器按被测量来命名

续表

分类方法	传感器的种类	备注
按测量原理分类	应变式、电容式、电感式、电磁式、热电式、压电式等传感器	传感器按工作原理命名
按输出信号形式分类	模拟式传感器	输出模拟电信号
	数字式传感器	输出数字电信号
按转换能量方式分类	能量转换型传感器	将被测量直接转换成输出量的能量，由被测量控制传感器的输出能量，而传感器本身由外部提供能量
	能量控制型传感器	能量控制型传感器是从外部供给辅助能量使其工作的，并由被测量来控制外部供给能量的变化
按工作机理分类	结构型传感器	通过传感器元件几何尺寸或形状变化，转换成电阻、电容、电感等物理量变化，从而检测出被测信号。这类传感器应用较多
	物性型传感器	利用传感器元件材料本身的物理性质的变化而实现测量。它是以半导体、电介质、铁电体作为敏感材料的固态传感器
按工作时是否需要外加电源分类	有源传感器	传感器工作时需要外加电源
	无源传感器	传感器工作时不需要外加电源
按使用的敏感材料分类	半导体传感器、光导纤维传感器、陶瓷传感器、金属丝（箔）传感器、高分子材料传感器、复合材料传感器等	传感器按使用的敏感材料命名

1.4 现代传感器的技术动向

随着传感器技术新原理、新材料和新技术的研究更加深入、广泛，新品种、新结构、新应用的不断涌现，传感器的集成化、智能化、微机械化、系统化和多样化成为其发展的技术动向[1, 14]。

1.4.1 集成化与智能化

传感器集成化包括两类：一种是同类型多个传感器的集成，即同一功能的多个传感元件用集成工艺在同一平面上排列，组成线性传感器，如电荷耦合器件（charge coupled device，CCD）图像传感器；另一种是多功能一体化，如几种不同的敏感元器件制作在同一硅片上，制成集成化多功能传感器，集成度高、体积小，容易实现补偿和校正，是当前传感器集成化发展的主要方向。传感器的智能化是多种传感功能与数据处理、存储、双向通信等的集成，可全部或部分实现信号探测、变换处理、逻辑判断、功能计算、双向通信，以及内部自检、自校、自补偿、自诊断等功能，具有成本低、信息采集精度高的特点，智能化传感器可以完成数据的存储、通信、自动编程等功能。目前已出现各种基于模糊推理、人工神经网络、专家系统等人工智能技术的高度智能传感器，并已经在智能家居等方面得到应用。

1.4.2　微机械化和系统化

传感器的微型化主要表现在微电子机械系统（microelectromechanical system，MEMS）传感器研发异军突起。随着集成微电子机械加工技术的日趋成熟，MEMS传感器将半导体加工工艺（如氧化、光刻、扩散、沉积和蚀刻等）引入传感器的生产制造，实现了规模化生产，并为传感器微型化发展提供了重要的技术支撑。近年来，日本、美国、欧盟等国家和组织在半导体器件、微系统及微观结构、速度测量、微系统加工方法、加工设备、麦克风与扬声器、测距与陀螺仪、光刻制版工艺和材料性质的测定与分析等技术领域取得了重要进展。目前，MEMS 传感器技术研发主要集中在以下几个方向：①微型化的同时降低功耗；②提高精度；③实现 MEMS 传感器的集成化及智能化；④开发与光学、生物学等技术领域交叉融合的现代传感器等。

1.4.3　多样化

新材料技术的突破加快了多种现代传感器的涌现。新型敏感材料是传感器的技术基础，材料技术研发是提升性能、降低成本和技术升级的重要手段。除了传统的半导体材料、光导纤维等，有机敏感材料、陶瓷材料、超导、纳米和生物材料等成为研发热点，生物传感器、光纤式传感器、气敏传感器、数字传感器等现代传感器加快涌现。例如，光纤式传感器是利用光纤本身的敏感功能或利用光纤传输光波的传感器，有灵敏度高、抗电磁干扰能力强、耐腐蚀、绝缘性好、体积小、耗电少等特点，目前已应用的光纤式传感器可测量的物理量达 70 多种，发展前景广阔。

1.4.4　应用领域扩大化

随着材料科学、纳米技术、微电子等领域前沿技术的突破以及经济社会发展的需求，传感器技术可以在很多领域成为未来发展的重点。

一是可穿戴式应用。美国 ABI 调查公司统计，可穿戴式传感器的数量将会达到 1.6 亿只。以谷歌眼镜为代表的可穿戴设备是最受关注的硬件创新。谷歌眼镜内置多达 10 余种传感器，包括陀螺仪传感器、加速度传感器、磁力传感器、线性加速度传感器等，实现了一些传统终端无法实现的功能，如使用者仅需眨一眨眼睛就可完成拍照。

二是无人驾驶。美国 IHS 公司指出，推进无人驾驶发展的传感器技术应用正在加快突破。在该领域，谷歌公司的无人驾驶车辆项目开发取得了重要成果，通过车内安装的照相机、雷达传感器和激光测距仪，以每秒 20 次的间隔，生成汽车周边区域的实时路况信息，并利用人工智能软件进行分析，预测相关路况未来动向，同时结合谷歌地图来进行道路导航。

三是医护和健康监测。国内外众多医疗研究机构，包括国际著名的医疗行业巨头在传感器技术应用于医疗领域方面已取得重要进展。例如，罗姆公司目前正在开发一种使用近红外光（near infra-red，NIR）的图像传感器，其原理是照射近红外光发光二极管（light emitting diode，LED）后，使用专用摄像元件拍摄反射光，通过改变近红外光的波长获取图像，然后通过图像处理使血管等更加鲜明地呈现出来。一些研究机构在能够嵌入或吞入体内的材料制造传感器方面已取得进展。例如，美国佐治亚理工学院正在开发具备压力传感器和无线通信电路等的体内嵌入式传感器，该器件由导电金属和绝缘薄膜构成，能够根据构成的共振电路的频率变化检测出压力的变化，发挥完作用之后就会溶解于体液中。

四是工业控制。通过智能传感器将人机连接，并结合软件和大数据分析，可以突破物理和材料科学的限制，并将改变世界的运行方式。在生产企业可以安装多个传感器，用于监测生产时的温度、能源消耗量和气压等数据，而工厂的管理人员可以通过计算机获取这些数据，从而对生产进行监督。

近年来，随着技术研发的持续深入、成本的下降、性能和可靠性的提升，在物联网、移动互联网和高端装备制造快速发展的推动下，传感器的典型应用市场发展迅速。

参 考 文 献

[1] 李科杰. 新编传感器技术手册[M]. 北京：国防工业出版社，2002.
[2] 樊尚春. 传感器技术及应用[M]. 北京：北京航空航天大学出版社，2004.
[3] 蒋敦斌，李文英. 非电量测量与传感器应用[M]. 北京：国防工业出版社，2005.
[4] 严钟豪，谭祖根. 非电量电测技术[M]. 北京：机械工业出版社，1989.
[5] 刘迎春. 传感器原理、设计与应用[M]. 长沙：国防科技大学出版社，1995.
[6] 杨德森，洪连进. 矢量水听器原理及应用引论[M]. 北京：科学出版社，2009.
[7] 杨士莪. 水声传播原理[M]. 哈尔滨：哈尔滨船舶工程学院出版社，1994.
[8] 尤里克. 水声原理[M]. 洪申，译. 3 版. 哈尔滨：哈尔滨船舶工程学院出版社，1990.

[9]　　杨德森，Гордиенко В А，洪连进. 水下矢量声场理论与应用[M]. 北京：科学出版社，2013.

[10]　陈锦荣. 动态参量测试技术[M]. 北京：国防工业出版社，1985.

[11]　何祚镛，赵玉芳. 声学理论基础[M]. 北京：国防工业出版社，1981.

[12]　刘伯胜，雷家煜. 水声学原理[M]. 哈尔滨：哈尔滨船舶工程学院出版社，1993.

[13]　周福洪. 水声换能器及基阵[M]. 北京：国防工业出版社，1984.

[14]　栾桂东，张金铎，王仁乾. 压电换能器和换能器阵[M]. 北京：北京大学出版社，2005.

第2章　传感器的基本知识

传感器应准确和快速地响应被测量的各种各样的变动。例如，在测量水下某一点的声压信号时，声压在一段时间内可能很稳定，而在另一段时间内则可能有缓慢变化，或者呈周期性的脉动，甚至出现突变的尖峰声压。因此，传感器的特性是研究传感器的基础。

2.1　传感器的特性

传感器主要通过两个基本特性——静态特性和动态特性来反映被测量的这种变动性。对传感器基本特性的研究，一般可以从两个方面进行，即静态特性研究和动态特性研究。在某些场合下，传感器只需测量不变的或缓慢变化的量。这时，便可以确定传感器的一套静态特性指标，这些指标的确定不必借助微分方程。在另外一些情况下，传感器可能涉及快变化物理量的测量，因而必须用微分方程研究传感器的输入-输出之间的动态关系。传感器的动态性能指标反映了传感器的动态性能，即动态特性。

传感器作为感受被测量信息的器件，总是希望它能按照一定的规律输出有用信号，因此需要研究其输入-输出的关系及特性，以便用理论指导其设计、制造、校准与使用。理论和技术上表征输入-输出之间的关系通常是以建立数学模型来体现，这也是研究科学问题的基本出发点。由于传感器可能用来检测静态量（即输入量是不随时间变化的常量）、准静态量或动态量（即输入量是随时间而变化的量），理论上应该用带随机变量的非线性微分方程作为数学模型，但这将在数学上造成困难。由于输入信号的状态不同，传感器所表现的输出特性也不同，所以实际上，传感器的静、动态特性可以分开研究。因此，对于不同性质的输入信号，传感器的数学模型常有动态与静态之分[1-8]。由于不同性质的传感器有不同的内在参数关系（即有不同的数学模型），它们的静、动态特性也表现出不同的特点。在理论上，为了研究各种传感器的共性，本节根据数学理论提出传感器的静、动态两个数学模型的一般式。应该指出的是，一个高性能的传感器必须具备良好的静态和动态特性，这样才能完成无失真的转换。

2.1.1　静态特性

传感器的静态特性是指传感器在静态工作状态下的输入-输出特性。所谓静态工作状态是指传感器的输入量恒定或缓慢变化而输出量也达到相应稳定值时的工作状态。这时，输出量仅为输入量的确定函数。

传感器的静态特性是通过其静态指标表示的。例如，传感器的总精度就是一个最重要的静态特性指标。传感器的出厂说明书一般都列出主要的静态特性指标的额定数值。

借助实验方法确定传感器静态特性的过程称为静态校准。校准时获得的静态特性称为校准特性。当校准使用的仪器设备有足够高的精度时，工程上常将校准特性作为传感器的实际特性。在大多数情况下，可根据校准数据来合理地选择理论特性。取线性特性作为理论特性的传感器称为线性传感器；否则，称为非线性传感器。

在不考虑滞后、蠕变的条件下，或者传感器虽然有滞后及蠕变等但仅考虑其理想的平均特性时，传感器的静态模型的一般式在数学理论上可用 n 次方代数方程式来表示，即

$$y = a_0 + a_1 x + a_2 x^2 + \cdots + a_n x^n \tag{2-1}$$

式中，x 为传感器的输入量，即被测量；y 为传感器的输出量，即测量值；a_0 为零位输出；a_1 为传感器线性灵敏度；$a_2, \cdots, a_n$ 为非线性项的待定常数。参数 $a_0, a_1, a_2, \cdots, a_n$ 决定了特性曲线的形状和位置，一般通过传感器的校准实验数据经曲线拟合求出，它们可正可负。

实际使用的大多数传感器，它们用代数多项式表示的特性方程的阶次并不高，一般不超过四次。根据传感器的实际特性所呈现的特点和实际应用场合的具体要求，其静态特性方程并非一定要表示成式（2-1）的完整形式。传感器的静态特性主要是通过校准实验来获得。所谓校准实验，就是在规定的实验条件下，给传感器施加标准的输入量，测量传感器相应的输出量。在传感器的研制过程中，也可通过其已知元件的静态特性，采用解析法求出传感器可能的静态特性[1, 9-12]。

传感器的主要静态特性指标包括以下几点。

（1）测量范围和量程：传感器所能测量的最大被测量（即输入量）的数值称为测量上限，最小的被测量的数值称为测量下限，而用测量下限和测量上限表示的测量区间，就称为测量范围，简称范围。测量上限和测量下限的代数差称为量程。

（2）分辨力和阈值：分辨力是一个可反映传感器能否精密测量的性能指标，既适用于传感器的正行程（输入量渐增），也适用于反行程（输入量渐减），而且输入分辨力和输出分辨力之间并无确定关系。阈值通常又可称为灵敏限、灵敏阈、失灵区、死区、顿感区等，它实际上是传感器在正行程时的零点分辨力（以输入量表示）。阈值可定义为由零变化到使输出量开始发生可观测变化的输入量。

（3）灵敏度：传感器在静态工作状态下，其单位输入所产生的输出称为灵敏度，或严格地说为静态灵敏度。在通常意义上，如指一个传感器很灵敏，应当既指其灵敏度高，也指其分辨力高。

（4）迟滞：对于某一输入量，传感器在正行程时的输出量明显地、有规律地不同于其在反行程时在同一输入量下的输出量，这一现象称为迟滞。造成迟滞的原因有多种，如磁性材料的磁滞、弹性材料的内摩擦、运动部件的干摩擦及间隙等。

（5）重复性：在相同的工作条件下，在一段短的时间间隔内，输入量从同一方向做满量程变化时，同一输入量值所对应的连续先后多次测量所得的一组输出量值，它们之间相互偏离的程度便反映传感器的重复性。

（6）线性度：衡量线性传感器线性特性好坏的指标。

（7）零漂和温漂：表示传感性能稳定性的重要指标。零漂是指传感器接通电源预热后，在无输入量作用的情况下传感器的零点输出；温漂是指传感器在不同温度下、无输入量时的不同输出。

2.1.2　动态特性

传感器的动态特性是指传感器随时间变化的输入量的响应特性。动态特性是传感器的重要特性之一。

大多数情况下，传感器的输入信号是随时间变化的。用传感器测量动态输入量时，要求传感器按照输入信号的变化规律输出信号。为了使传感器输出信号和输入信号随时间的变化一致或相近，这就要求传感器不仅具有良好的静态特性，而且还应具有良好的动态特性。研究传感器的动态特性，目的在于分析其动态误差。

假设传感器在输入-输出之间存在线性关系的范围内使用。对于这样一个线性系统，其动态输入和动态输出的关系都可以用下列常系数线性微分方程式来描述，即

$$a_n \frac{\mathrm{d}^n Y(t)}{\mathrm{d}t^n} + a_{n-1} \frac{\mathrm{d}^{n-1} Y(t)}{\mathrm{d}t^{n-1}} + \cdots + a_1 \frac{\mathrm{d}Y(t)}{\mathrm{d}t} + a_0 Y(t)$$

$$= b_m \frac{\mathrm{d}^m X(t)}{\mathrm{d}t^m} + b_{m-1} \frac{\mathrm{d}^{m-1} X(t)}{\mathrm{d}t^{m-1}} + \cdots + b_1 \frac{\mathrm{d}X(t)}{\mathrm{d}t} + b_0 X(t) \tag{2-2}$$

式中，$Y(t)$ 表示输出量；$X(t)$ 表示输入量；t 表示时间；$a_0, a_1, \cdots, a_n$ 及 $b_0, b_1, \cdots, b_m$ 表示常数。

对式（2-2）的微分方程求解，便可得到传感器动态响应和动态性能指标，即式（2-2）为传感器动态特性的一般数学模型。

一般可以近似认为，传感器为一个集总参数的、线性的、不随时间变化的系统。式（2-2）为一个高阶微分方程式，用它来描述传感器输入-输出之间的关系。一个高阶系统的传感器总可以看成由若干个零阶、一阶和二阶系统组合而成的。这意味着绝大多数传感器输出与输入的关系可以用零阶、一阶或二阶微分方程来描述。由此，可将传感器分为零阶传感器、一阶传感器和二阶传感器。传感器的动态特性一般用频率特性来描述，即在设计、分析和应用传感器时需要得到传感器的传递函数。下面给出正弦输入下传感器的频率特性。

1. 零阶传感器的传递函数和频率特性

根据微分方程（2-2），可得出零阶传感器的传递函数和频率特性，即

$$\frac{Y(t)}{X(t)} = \frac{b_0}{a_0} = K \tag{2-3}$$

显然，零阶传感器的输出与输入成正比，且与频率无关。因此不产生幅值和相位失真，具有理想的动态特性，如图 2.1 所示。

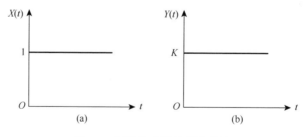

图 2.1　零阶传感器的频率特性

2. 一阶传感器的传递函数和频率特性

根据传感器微分方程（2-2），得运算传递函数为

$$W(D) = \frac{Y}{X}(D) = \frac{K}{1+\tau D} \qquad (2\text{-}4)$$

式中，算子 $D = \dfrac{\mathrm{d}}{\mathrm{d}t}$。

拉普拉斯传递函数为

$$W(S) = \frac{Y}{X}(S) = \frac{K}{1+\tau s} \qquad (2\text{-}5)$$

式中，S 为拉普拉斯算子。

频率传递函数为

$$W(\mathrm{j}\omega) = \frac{K}{1+\tau s} \qquad (2\text{-}6)$$

幅频特性为

$$|W(\mathrm{j}\omega)| = \frac{K}{\sqrt{1+\omega^2\tau^2}} \qquad (2\text{-}7)$$

相频特性为

$$\varphi = \arctan(-\omega\tau) \qquad (2\text{-}8)$$

一阶传感器的频率特性曲线如图 2.2 所示。时间常数 τ 越小，频率响应特性越好。

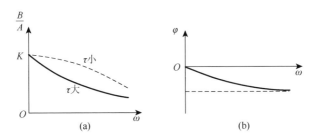

图 2.2　一阶传感器的频率特性

3. 二阶传感器的传递函数和频率特性

根据二阶传感器微分方程（2-2），得运算传递函数为

$$W(D) = \frac{Y}{X}(D) = \frac{K}{\dfrac{D^2}{\omega_0^2} + \dfrac{2\xi D}{\omega_0} + 1} \qquad (2\text{-}9)$$

式中，ξ 为阻尼比；ω_0 为系统固有频率。

拉普拉斯传递函数为

$$W(S) = \frac{Y}{X}(S) = \frac{K}{\dfrac{S^2}{\omega_0^2} + \dfrac{2\xi S}{\omega_0} + 1} \tag{2-10}$$

频率传递函数为

$$W(j\omega) = \frac{Y}{X}(j\omega) = \frac{K}{\left(\dfrac{j\omega}{\omega_0}\right)^2 + \dfrac{2\xi j\omega}{\omega_0} + 1} \tag{2-11}$$

幅频特性为

$$\frac{B}{A} = |W(j\omega)| = \frac{K}{\sqrt{\left(1 - \left(\dfrac{\omega}{\omega_0}\right)^2\right)^2 + 4\xi^2\left(\dfrac{\omega}{\omega_0}\right)^2}} \tag{2-12}$$

相频特性为

$$\varphi = -\arctan\frac{2\xi\dfrac{\omega}{\omega_0}}{1 - \left(\dfrac{\omega}{\omega_0}\right)^2} \tag{2-13}$$

二阶传感器频率特性如图 2.3 所示。

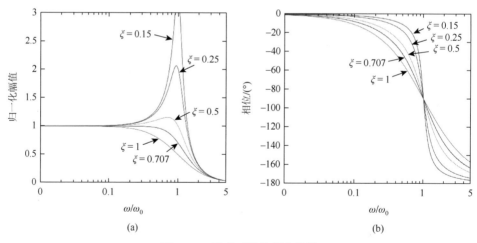

图 2.3　二阶传感器的频率特性

由图 2.3 可见：

（1）$\dfrac{\omega}{\omega_0} \ll 1$ 时，动态和静态参数趋于一致；

（2）$\dfrac{\omega}{\omega_0}=1$，且 $\xi \to 0$ 时，传感器出现共振，此时传感器输出信号波形的幅度和相位出现严重失真；

（3）$\dfrac{\omega}{\omega_0} \gg 1$ 时，$|W(\mathrm{j}\omega)| \to 0$，$\varphi \to 180°$，即被测参数的频率远高于传感器固有频率时，传感器没有响应。

阻尼比 ξ 对频率特性影响很大；ξ 增大，幅频特性的最大值逐渐减少；$\xi=1$ 时，幅频特性曲线为一条递减曲线，不再出现凸峰现象。显然，在 $\xi \approx 0.6$ 时，幅频特性的平直段最宽。

2.2 传感器的材料

材料、信息和能源这三大资源是现代文明的三大支柱，材料在传感器中起着相当重要的作用。传感器材料包括结构材料和敏感材料。敏感材料是对电、光、声、力、热、磁、气体分布等场的微小变化而表现出性能明显改变的功能材料，大致可分为金属系、无机系、有机系及复合系四种。敏感材料首先应具有良好的敏感特性，其次还应具有良好的重复性和互换性。下面简单介绍一下声传感器中常用的几种材料。

2.2.1 电学功能材料

材料按照其导电性可分为：导电材料、介电材料和半导体材料。

（1）导电材料。导电材料按照导电机理可分为电子导电材料和离子导电材料两大类。金属材料、引线键合工艺中常用的导电丝包括金丝、铜丝和铝丝。将通用高分子材料与各种导电性物质（如金属粉、炭黑等）通过填充复合、表面复合等方式可以制成导电塑料、导电橡胶、导电纤维织物、导电涂料、导电胶黏结剂及透明导电薄膜等。

（2）介电材料。介电材料又称为电介质，是以电极化为特征的材料。而具有压电效应的材料称为压电材料，通过压电材料可以将机械能和电能相互转换。还有一种铁电材料，是一种特殊的介电材料，具有电畴和电滞回线，通常称为铁电体。

（3）半导体材料。半导体材料硅（Si）是当前微电子技术的基础材料，广泛应用于各种微传感器的设计当中。

2.2.2　光学功能材料

所谓光学功能材料就是指在外场如力、声、热、电、磁、光等场的作用下，其光学性质发生改变的材料，主要包括磁光、声光、电光、压光及激光材料。

（1）透光和导光材料。透光材料包括透可见光（波长 0.39～0.76μm）、红外光（波长 1～1000μm）和紫外光（波长 0.01～0.4μm）的材料。光纤材料又称为光波导纤维材料。按照传输模式不同，可分为单模光纤和多模光纤。按照光纤材料的组成可分为石英光纤、多组分氧化物玻璃光纤、非氧化物玻璃光纤、晶体光纤和高聚物光纤。

（2）发光材料。发光材料品种很多，按照激发方式，发光材料分为光致发光材料、电致发光材料、阴极射线致发光材料、热致发光材料、等离子发光材料和有机发光材料。

（3）激光材料。激光材料包括激光工质材料、激光调 Q 材料、激光调频材料和激光偏转材料。

（4）光调制用材料。按照控制光束的作用机理不同，光调制用材料又可分为电光材料、磁光材料和声光材料三种。电光效应是在外加电场作用下，物体的光学性质发生的各种变化的统称。在磁场的作用下，物质的电磁特性（磁导率、磁化强度、磁畴结构等）会发生变化，使光波在其内部的传输特性（如偏振状态、光强、相位、传输方向等）也随之发生变化的现象称为磁光效应。超声波在透明介质中传播时，介质折射率发生空间周期性变化，使通过介质的光线发生改变的现象，称为声光效应。

（5）光电材料。光电材料是把光能转变为电能的一类能量转换功能材料，如光电子发射材料（电视摄像管、光电倍增管）、光电导材料（光敏电阻、光敏二极管和光敏三极管）和光电动势材料（太阳能电池）。

2.2.3　磁学功能材料

磁学功能材料主要包括磁性材料、有机磁体和磁电材料。

（1）磁性材料。磁性材料是指常温下表现为强磁性的亚铁磁性和铁磁性材料。按照其不同特点又可分为软磁（如矽钢片）、硬磁（磁铁）、铁氧体（高频磁芯）等材料。

（2）有机磁体。有机磁性化合物主要可以分为复合型和结构型两大类：复合型有机磁性化合物主要是以有机化合物（主要是指高分子树脂）为基体，加入各种磁粉经混合成形而制得的具有磁性的复合体；结构型的有机磁性化合物，目前大多数只在低温下具有铁磁性，尚处于研究阶段，理论基础还需进一步完善。

（3）磁电材料。材料在外加磁场作用下产生自发极化或者在外加电场作用下感生磁化强度的效应（磁电效应）。磁电材料能够直接将磁场转换为电场，也可以把电场转换为磁场。

2.3 传感器的基本弹性元件

传感器主要采用两类弹性元件，即弹性敏感元件和运动弹性元件。前者起到测量作用，将感受的被测量直接变换为元件自身的相应位移或应变并被其弹性力所平衡，再经过其他变换元件转换为相应的电信号输出[1, 3, 12-14]，常用的这类元件有平膜片、波纹膜片、波纹管、弹性梁、弹性筒等，其质量优劣直接影响传感器的性能。后者主要起到弹性支承、导向等作用，具有无摩擦和无间隙的特点，有利于提高整个传感器的精度。

2.3.1 基本特性

1. 弹性元件的工作特性

弹性元件由弹性特性、灵敏度与刚度、有效面积、谐振频率等指标来确定。

1）弹性特性

弹性元件的输入-输出特性一般可用式（2-14）表示，即

$$y = a_0 + a_1 x + a_2 x^2 + a_3 x^3 + a_4 x^4 + a_5 x^5 + \cdots \tag{2-14}$$

式中，x 代表输入量；y 代表输出量。

若研究弹性元件的压力-位移特性，式（2-14）可改写为

$$p = a_0 + a_1 \omega_0 + a_2 \omega_0^2 + a_3 \omega_0^3 + \cdots \tag{2-15}$$

式中，p 代表输入压力；ω_0 代表弹性敏感元件中心的位移。式（2-15）中包含线性项和高次项，说明弹性敏感元件的压力-位移特性一般不是线性关系，而是非线性关系。

若研究弹性元件的压力-频率特性，式（2-14）应改写为

$$p = a_0 + a_1 f + a_2 f^2 + a_3 f^3 + \cdots \tag{2-16}$$

式中，p 代表输入压力；f 代表弹性元件的谐振频率。式（2-16）表明的也是非线性关系。

2）灵敏度与刚度

如果弹性元件的特性是线性的，则其灵敏度 S 等于变形 ω 与引起变形的负荷 p 之比，即

$$S = \frac{\omega}{p} \tag{2-17}$$

而其刚度 k 则为灵敏度的倒数，即等于负荷与其相应变形之比：

$$k = \frac{p}{\omega} \tag{2-18}$$

具有非线性特性的弹性元件的灵敏度和刚度是随变形而变化的。

当几个弹性元件并联工作时，整个系统的灵敏度为

$$S = \frac{1}{\sum_{i=1}^{n} \frac{1}{S_i}} \tag{2-19}$$

式中，S_i 表示第 i 个弹性元件的灵敏度。

整个系统的刚度则等于各个弹性元件刚度的总和：

$$k = \sum_{i=1}^{n} k_i \tag{2-20}$$

式中，k_i 表示第 i 个弹性元件的刚度。

在串联工作情况下，其灵敏度为

$$S = \sum_{i=1}^{n} S_i \tag{2-21}$$

而刚度则为

$$k = \frac{1}{\sum_{i=1}^{n} \frac{1}{k_i}} \tag{2-22}$$

3）有效面积

按力平衡原理设计的传感器，为了计算膜片和波纹管，引入有效面积的概念：

$$A_e = \frac{\mathrm{d}F}{\mathrm{d}p} \tag{2-23}$$

式中，F 是在均布压力 p 作用下，膜片或波纹管在测量点所产生的集中力。

对于具有线性压力特性的弹性元件，在整个工作行程段的有效面积实际不变。

非线性特性下，有效面积随着弹性元件的挠度（位移）值的变化而变化。在这种情况下，集中力可由下列方程确定：

$$F = \int_{p_0}^{p} A_e \mathrm{d}p \tag{2-24}$$

式中，有效面积 A_e 的值应由测试确定。

　4）谐振频率

传感器弹性元件的谐振频率在很大程度上确定它们动态特性和被测量变换中的滞后大小。有无穷多个谐振频率，一般常说的是其最低模态的谐振频率，可用计算或试验方法确定。

　2. 非弹性效应

在传感器中，起测量作用的弹性敏感元件将待测参数转变为位移（或应变）、力或谐振频率。因此，精确性是判断其质量的主要依据。精确性在很大程度上与材料的缺陷、抗微塑性变形的能力有关。这些因素是产生弹性滞后、弹性后效和蠕变的根源。

　1）弹性滞后

实际的弹性元件在加、卸载的正反行程中，位移曲线是不重合的，而是构成一个弹性滞后环（图 2.4）。从图中可以看出，当载荷增加或减少到同一数值时，位移量之间存在一差值，称为弹性滞后。显然在不同的载荷下，对应的滞后也不相同，一般用相对滞后的百分数表示，即

$$\delta_n = \frac{\Delta\omega_{max}}{\omega_{max}} \tag{2-25}$$

式中，$\Delta\omega_{max}$ 表示最大的位移滞后；ω_{max} 表示最大工作载荷下的总位移。

　2）弹性后效

弹性元件材料的变形不仅是载荷的函数，而且也是时间的函数。弹性滞后是不取决于时间的，而弹性后效却是在载荷不变的情况下，弹性元件在一段时间内还会继续产生类似蠕动的位移。在图 2.5 中，当载荷停止增加时，元件已产生的位移为 OD 段，位移量 CD 是在载荷维持不变时，在 OK 的时间内渐渐产生的。这一现象称为正弹性后效。当卸载完毕时，元件产生的位移为图中 CE 段，位移量 EO 是在时间间隔 KH 内缓慢进行的，这一现象称为反弹性后效。这种变形落后于载荷和时间有关的现象称为弹性后效。弹性后效使传感器出现负的测量误差、零点漂移等，应尽力设法减小它。

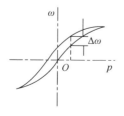

图 2.4　弹性滞后环

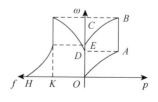

图 2.5　弹性后效

弹性元件在工作中的滞后和后效现象是同时发生的，统称为弹性滞后误差。在设计传感器时要力求将它们减少。

3）蠕变

弹性元件在长期受载下，金属弹性敏感元件将产生长期稳定性误差，称为蠕变。微蠕变随时间增长。为了减小这种误差，所有金属弹性敏感元件都必须经过稳定性处理。

由石英、蓝宝石和硅制成的弹性敏感元件，几乎不存在弹性滞后误差和蠕变。

测量用弹性元件不容许产生塑性变形，元件抗微塑变形的能力用材料的弹性极限来表示。工作应力比弹性极限越小，材料出现微塑变形越小，弹性元件的精确性也就越高，因而，传感器弹性敏感元件的安全系数可用式（2-26）确定：

$$n = \frac{\sigma_p}{\sigma_{\max}} \qquad (2-26)$$

式中，σ_p 为弹性极限；$\sigma_{\max}$ 为最大工作应力。所需要的安全系数应根据所要求的弹性元件的可靠性、工作条件和寿命等因素考虑决定，一般在 2～5 范围内变化。

4）品质因数

我们知道，实际弹性元件，加、卸载曲线构成一个弹性滞后环。滞后环内的面积相当于在一个循环内变形体所消耗的能量。这种内能消耗可以造成静变形落后于载荷，从而产生弹性滞后误差，对传感器十分不利。

对于测量用弹性谐振元件，这种内耗就是消耗振动能量的阻尼。阻尼越大，谐振元件的幅频特性峰值越平坦；阻尼越小，峰值越陡峭，频率越稳定，如图2.6所示。所以，测量用弹性谐振元件必须是一个弱阻尼系统，用品质因数 Q 这个概念来衡量：

$$Q = \frac{1}{2\xi} \qquad (2-27)$$

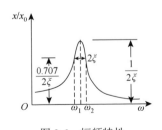

图 2.6　幅频特性

图 2.6 中，ξ 为阻尼比系数，$\frac{x}{x_0}$ 为幅值之比。值得指出的是，品质因数对谐振式传感器的性能起着决定性的作用。

5）温度对弹性元件的影响

弹性敏感元件周围环境的温度变化会引起材料的弹性模量 E 的改变。通常用弹性模量温度系数 β_t 来表示弹性模量随温度的变化情况。β_t 的含义是：当温度变化 1℃时，弹性模量的相对变化量，即

$$\beta_t = \frac{1}{E_0} \cdot \frac{\Delta E}{\Delta t} = \frac{1}{E_0} \cdot \frac{E - E_0}{t - t_0}$$

或改写成

$$E = E_0(1 + \beta_t(t - t_0)) \qquad (2\text{-}28)$$

式中，E 代表温度为 t 时的弹性模量；E_0 代表温度为 t_0 时的弹性模量。

一般说来，弹性合金的弹性模量随温度升高而降低（$\dfrac{\mathrm{d}E}{\mathrm{d}t} < 0$），所以温度系数 β_t 为负值。弹性模量随温度而变化，必然使弹性敏感元件的刚度也随之发生变化。这样在相同的载荷作用下，弹性元件的输出量也必然发生相应变化。由此而引起的误差称为温度误差。

一般情况下，误差 η_t^{E} 为

$$\eta_t^{\mathrm{E}} = \frac{\Delta \omega_t}{\omega} \qquad (2\text{-}29)$$

式中，$\Delta \omega_t$ 表示由温度变化引起的弹性元件位移。

传感器弹性元件的综合温度误差：

$$\eta_t = \eta_t^{\mathrm{E}} + \eta_t^{\Delta \alpha_t} + \eta_t^{\mathrm{G}} \qquad (2\text{-}30)$$

式中，η_t^{E} 表示由材料弹性模量 E 随温度变化所引起的误差；$\eta_t^{\Delta \alpha_t}$ 表示由弹性元件的固定零件线膨胀系数不同所引起的温度误差；η_t^{G} 表示弹性元件测量点与传感器壳体间存在温度梯度从而产生温度应力所造成的温度误差。

误差 $\eta_t^{\Delta \alpha_t}$ 和 η_t^{G} 相当大，它们基本上确定了 η_t 值的大小，要使它们减小是困难的，即使采用相同材料也很难减小。

2.3.2　常用材料

对于测量用弹性元件，由于特别要求其工作特性恒定，就应该用高抗微塑变形的材料，即具有高弹性极限的材料，弹性极限越高，材料的弹性储能越大，非弹性效应也就越小。材料的弹性储能可用式（2-31）表示：

$$U = \frac{1}{2} \cdot \frac{\sigma_p^2}{E} \qquad (2\text{-}31)$$

式中，σ_p 表示弹性极限。

由式（2-31）可见，σ_p^2 / E 的值越高越好，欲提高 σ_p^2 / E，则可选用高弹性极限或低弹性模量的弹性材料。σ_p 高则弹性变形范围大，E 低则在同样载荷下可获得较大的弹性变形。如何选用应视其场合而定。如对发条以及接插件的弹性元件，则要求 σ_p、E 均高。

常用的弹性合金有两大类：高弹性合金和恒弹性合金。

铜基高弹性合金是最早得到应用的，如黄铜、磷青钢、钛青铜和铍青铜等。铜基合金由于耐高温、耐腐蚀等性能差，往往不能适应传感器的进一步要求，因而在一些场合以铁基和镍基高弹性合金逐渐取代铍青铜作为弹性元件。有代表性的如 17.4PH（CCr17Ni4Al）、蒙乃尔合金［Ni（63%～67%），Al（2%～4%），Ti（0.05%），其余为 Cu］等。它们具有弹性高、滞后小、耐腐蚀等特点。

高弹性合金的弹性模量 E 随温度变化而有明显的改变，从而带来温度误差。所以，目前普遍采用恒弹性合金作为测压敏感元件。恒弹性合金在一定的温度范围内，它的弹性模量温度系数很小，一般为 $\pm 10 \times 10^6/℃$。有代表性的如 Ni42CrTiAl，我国代号为 3J53，国外代号为 Ni.Span.C。这种材料在 60～100℃ 的温度范围内，弹性模量基本上是恒定的。

更理想的高温恒弹性合金是铌基合金。它的特点是：无磁性（磁导率均为 10^6 数量级）；恒弹性，弹性模量温度系数低，在 700℃ 时 β_t 仍可保持为 $(1\sim2)\times 10^6/℃$；弹性模量低（一般 E 值均在 1.1×10^{10}Pa 左右，这对传感器的设计和使用很重要，由铌基合金制成的弹性敏感元件，在同样的载荷下，可获得更大的弹性变形，有利于传感器灵敏度的提高）；强度高；耐腐蚀性能好。

石英和硅是现代高精度传感器选用的理想弹性材料。它们的密度约为不锈钢弹性材料的 1/3，滞后约为其 1/100，线膨胀系数约为其 1/30，而品质因数可高达 10^6 数量级。

在设计传感器以前，首先应选择好弹性元件材料。对弹性元件材料提出以下要求：①强度高，弹性极限高；②具有高的冲击韧性和疲劳极限；③弹性模量温度系数小而稳定；④热处理后应有均匀稳定的组织，且各向同性；⑤热膨胀系数小；⑥具有良好的机械加工和热处理性能；⑦具有高的抗氧化、抗腐蚀性能；⑧弹性滞后应尽量小。

弹性元件材料能同时满足上述所有要求，客观上是困难的，因此只能根据传感器的使用条件综合考虑。

2.3.3　力学特性

在传感器中，输入弹性元件的信号通常为力、压力、力矩，输出是位移、应变、频率。因而弹性敏感元件的输入-输出特性有"力-应变""力-位移""压力-位移""压力-应变""压力-频率"等特性。

表 2.1 和表 2.2 分别为几种典型的弹性敏感元件的刚度（单位变形所需载荷）和固有频率。

表 2.1　几种典型弹性敏感元件的刚度

示意图	名称	刚度	备注
	悬臂梁	$k=\dfrac{3EJ}{l^3}$ $k=\dfrac{Ebh^3}{4l^3}$　（方形断面） $k=\dfrac{\pi Ed^4}{21.3l^3}$　（圆形断面）	E 为弹性模量 J 为惯性矩 b 为宽度 l 为梁长
	两端固定梁	$k=\dfrac{192EJ}{l^3}$	中央加载
	拉杆	$k=\dfrac{EA}{l}$	A 为截面积
	实心轴	$k=\dfrac{GI_p}{l}$ $k=\dfrac{\pi CD^4}{32l}$　（圆形断面）	G 为剪切弹性模量 I_p 为极惯性矩 D 为外径
	空心圆轴	$k=\dfrac{\pi G(D^4-d^4)}{32l}$ $k=1.18\times10^6\times\dfrac{D^4-d^4}{32l}$　（钢制）	d 为内径

表 2.2　几种典型弹性敏感元件的固有频率

示意图	名称	固有频率	备注
	悬臂梁	$\omega_n=3.52\sqrt{\dfrac{Eh^2}{12\rho l^4}}$	h 为断面高度 l 为梁长 ρ 为材料密度
	悬臂梁 （带端重）	$\omega_n=\sqrt{k(M+0.23m)}$	M 为端重质量 m 为梁质量 k 为悬臂梁刚度
	扭轴	$\omega_n=\sqrt{k(I+I_s/3)}$	I 为端重转动惯量 I_s 为轴转动惯量 k 为轴的刚度
	拉杆	$\omega_n=\dfrac{\pi}{2\rho}\sqrt{\dfrac{E}{\rho}}$	

续表

示意图	名称	固有频率	备注
	圆环	$\omega_n = \sqrt{\dfrac{E}{\rho R}}$	R 为环的平均半径
	圆膜片 （空气中）	$\omega_n = \dfrac{10.21}{R^2}\sqrt{\dfrac{H}{\rho h}}$ $H = \dfrac{Eh^3}{12(1-\mu^2)}$ （薄片的弯曲刚度）	R 为半径 ρ 为材料密度 μ 为材料泊松比 h 为厚度

参 考 文 献

[1]　李科杰. 新编传感器技术手册[M]. 北京：国防工业出版社，2002.

[2]　樊尚春. 传感器技术及应用[M]. 北京：北京航空航天大学出版社，2004.

[3]　蒋敦斌，李文英. 非电量测量与传感器应用[M]. 北京：国防工业出版社，2005.

[4]　严钟豪，谭祖根. 非电量电测技术[M]. 北京：机械工业出版社，1989.

[5]　刘迎春. 传感器原理、设计与应用[M]. 长沙：国防科技大学出版社，1995.

[6]　陈锦荣. 动态参量测试技术[M]. 北京：国防工业出版社，1985.

[7]　袁希光. 传感器技术手册[M]. 北京：国防工业出版社，1986.

[8]　黄俊钦. 静动态数学模型的使用建模方法[M]. 北京：机械工业出版社，1988.

[9]　李科杰. 传感技术[M]. 北京：北京理工大学出版社，1989.

[10]　刘广玉. 几种新型传感器——设计和应用[M]. 北京：国防工业出版社，1988.

[11]　林明帮，赵鸿林. 机械量测量[M]. 北京：机械工业出版社，1992.

[12]　王凤鸣. 非电量电测技术[M]. 北京：国防工业出版社，1991.

[13]　张国忠，赵家贵. 检测技术[M]. 北京：北京计量出版社，1998.

[14]　王之芳. 传感器应用技术[M]. 西安：西北工业大学出版社，1996.

第3章 水下声学的基础理论

3.1 声学基本量

声波是一种机械振动状态的传播现象，它可以在一切弹性介质中传播，它的传播与介质本身的性质有关。介质弹性力的作用使得距发射器较远处的介质依次振动。介质具有质量，因而有惯性，惯性的作用使得介质的振动依次落后一定时间，通过介质的弹性和惯性作用，介质中相应局部的振动状态或形变就传到另一处去，这就是声波的传播过程。当振动在流体中传播时，形成介质的压缩和伸张交替运动，声波表现为压缩波的形式传播，即纵波。固体中由于有切应力，所以还有横波的传播形式。介质中振动传播过程有时间滞后，即声波在介质中传播有一定速度，称为声波的传播速度，简称声速。在介质中，声波所涉及的区域统称为声场。

连续介质中，任一点附近的运动状态可用压强、介质密度和介质振动速度来表示，这些量随着时间和在声场中的位置改变，可以分别用 $P(x, y, z, t)$、$\rho(x, y, z, t)$、$V(x, y, z, t)$ 表示介质中的压强、介质密度和介质质点的振动速度。

在理想流体中，由于没有切应力，压强是一个标量函数。设介质没有扰动时静压强为 $P_0(x, y, z, t)$，声波传到同一点的压强变为 $P(x, y, z, t)$，其变化量 $p(x, y, z, t) = P(x, y, z, t) - P_0(x, y, z, t)$ 称为声压。声波作用使得介质压缩或者伸张，介质中各点的压强比静压可大可小，因此声压可正可负。此时介质中的质点围绕着它的平衡位置往复振动，其瞬时状态，如振动的位移和振动速度均随时间而变，因此也可用质点的振动位移或速度描述声场。

声场中各点的声压、介质质点的振动位移或振动速度都是空间坐标和时间变量的函数，它们都是可以用来描述声场性质的基本物理量。但是，由于声场中介质的振动速度不仅随时间而变，同时各处振速的方向也不同，即振速分布是个矢量场，这与声压是个标量很是不同。在理想流体介质中，同一声场的声压函数与振速函数可以很方便地相互转化[1]。

设没有扰动时介质的静态流速为 $V_0(x, y, z, t)$，在声波作用下变为 $V_1(x, y, z, t)$，其改变量为

$$V(x, y, z, t) = V_1(x, y, z, t) - V_0(x, y, z, t) \tag{3-1}$$

式中，$V(x, y, z, t)$ 就是介质质点的振动速度。

在国际标准单位制中，声压的单位是牛顿/米^2（N/m^2）或帕（Pa），位移的单位是米（m）或厘米（cm），振速的单位是米/秒（m/s）或厘米/秒（cm/s）。

声场中的质点随着声波的传播而振动，介质的密度也会发生变化。设没有声波扰动时介质的静态密度为 $\rho_0(x,y,z,t)$，声波通过时介质的密度变为 $\rho(x,y,z,t)$，其改变量为

$$\rho'(x,y,z,t) = \rho(x,y,z,t) - \rho_0(x,y,z,t) \tag{3-2}$$

取介质密度的相对变化量 $s(x,y,z,t)$，又称压缩量：

$$s(x,y,z,t) = \frac{\rho(x,y,z,t) - \rho_0(x,y,z,t)}{\rho_0(x,y,z,t)} \tag{3-3}$$

应当强调的是，上述对场的特征的描述都要采用分布函数。

在声波传播过程中，介质中各点的能量也发生变化，振动引起动能变化，形变引起位能变化，这种由声波传播而引起的介质能量的变化称为声能。声能也是介质运动过程中的机械能。从能量守恒观点看，由声源发出的声能，其机械能部分除了被介质或者介质界面吸收以外，其余都以介质振动的声能形式存在于声场中，声波传播过程中声能从一个区域传向另一个区域。在单位时间内，通过与能量传播方向垂直的单位面积的声能为声能流密度 $\boldsymbol{\omega}$，显然声能流密度也是一个矢量。

设在理想介质中，单位体积中的声能称为声能密度 $\boldsymbol{E}$，由文献[1]知其表达式为

$$\boldsymbol{E} = \frac{1}{2}\rho_0 V^2 + \frac{1}{2}\frac{p^2}{\rho_0 c^2} \tag{3-4}$$

式中，c 为声波在介质中的传播速度。

取一单位微分体积元。根据能流连续概念和机械能守恒原理，可以认为，声波传播时，声能流入又流出，而该体积内的净余量应等于该体积内声能密度的增加量。依照连续性方程式的推导方法可得

$$\frac{\partial \boldsymbol{E}}{\partial t} = -\nabla \cdot \boldsymbol{\omega} \tag{3-5}$$

式（3-5）表示声能密度的时间变化率等于声能流密度的散度。

将声场中声能密度的表达式（3-4）代入式（3-5），即得

$$\frac{\partial \boldsymbol{E}}{\partial t} = \rho_0 V \cdot \frac{\partial V}{\partial t} + \frac{1}{\rho_0 c^2} p \frac{\partial p}{\partial t} \tag{3-6}$$

利用小振幅声场（即 $\rho = \rho_0 + \rho'$，$\rho' \ll \rho_0$）中的运动方程和连续性方程，可得

$$\frac{\partial p}{\partial t} = -\rho c^2 \nabla \cdot V \tag{3-7}$$

将其代入式（3-6）中，有

$$\frac{\partial E}{\partial t} = -V \cdot \nabla p - p \nabla \cdot V = -\nabla \cdot (pV) \tag{3-8}$$

比较声能密度变化量的式（3-5）和式（3-8），便可得到声能流密度矢量为

$$\boldsymbol{\omega} = pV \tag{3-9}$$

由此可见，声能通过单位面积的能流瞬时值在数量上等于该点压声和质点振速的乘积。在谐和振动情况下，声场中各点 p 和 V 频率相同，但相位不一定相同（在球面波场中可以看到此类情况）。因此 pV 乘积可正可负。当它为正时，表示能流沿波传播方向流出；当它为负时，表示能流向波传播方向的反方向流动。当振源表面能流为正时，表示振源对介质做正功，即振幅辐射声能；能流为负时，表示振源做负功，即声场把能量交还给振源。

取声能流密度的时间平均值（即周期 T 中的平均值）表示声能的强度，称为声波强度，简称声强，通常用 I 来表示：

$$I = \frac{1}{T} \int_0^T pV \mathrm{d}t \tag{3-10}$$

即声场中任意一点的声强是通过与能流方向垂直的单位面积的声能的平均值。声强可类比为电路中的有功功率。显然，在谐和律变化的声场中，声强决定于声压和振速的振幅和它们之间的相位差，有

$$I = \frac{1}{2} p_0 V_0 \cos \varphi_0 \tag{3-11}$$

式中，p_0、V_0 分别为声场中某点声压和振速的振幅，一般地说，它们是空间坐标的函数；φ_0 为 p_0 和 V_0 之间的相位差，它也可能是空间坐标的函数。

式（3-9）表明声能流的传播方向就是介质质点振速的方向。行波场中，既然有能量的传播，因而必定有 $I>0$，即 p 和 V 之间的相位差必然小于 $\pi/2$，且能量随着波的传播和扩散，声强将衰减。这种现象在球面波场反映最明显。但在平面驻波场中，可以证明，这时 p 和 V 相位差为 $\pi/2$，于是通过任意波面的声强为零。然而这并不意味着声场中没有能量，只是说能量有时集中在这一地区，有时移至另一地区，使各点的声能流密度值时而大，时而小，甚至为零。

3.2　声矢量的描述

近几十年世界各海洋大国都对水下声场进行了广泛、深入的研究，但在研究水下声场的能量和方向特性时，很多结论都是建立在声压量测量的基础上得出的，通常也就把"声强"等同于势能密度 E_p。因为根据定义，声强是一个矢量，所以在只进行标量测量时丢失了很多与声强矢量特性有关的实际声场信息。

　　基于声压测量所计算的强度 $I =< | p(t) |^2 >$ 称为标量强度，它与矢量强度 $I =< p(t)V(t) >$ 是不同的，这里 $p(t)$、$V(t)$ 分别是介质质点的瞬时声压和振速矢量；$<\cdot>$ 表示时间的平均。

　　在实际研究声场时，必须考虑声场所有的声学基本量：势能密度 E_p、动能密度 E_k、声强矢量 I（声能流密度矢量）等。通常把在声矢量研究基础上的声学简称为矢量声学。

　　在声强矢量的研究中，声场中任一点的声强都可以有四个分量：声压 $p(t)$ 和介质质点振速矢量 $V(t)$ 的三个正交分量 $V_x(t), V_y(t), V_z(t)$。

　　平面波瞬时强度矢量可写为

$$j = p(t)V(t)n \tag{3-12}$$

式中，n 表示波传播方向的单位矢量。

　　在单频平面行波条件下，声压和振速为

$$\begin{cases} p(t) = p_0 \cos(\omega t - kx - \varphi_p) \\ V(t) = V_0 \cos(\omega t - kx - \varphi_p) \end{cases} \tag{3-13}$$

式中，p_0、V_0 分别表示声压与振速的振幅；ω 表示角频率；t 表示时间；k 表示波数；φ_p 表示初始相位。

　　瞬时能量密度为

$$E(t) = \rho V_0^2 \cos^2(\omega t - kx - \varphi_p) = \frac{p_0^2}{\rho c^2} \cos^2(\omega t - kx - \varphi_p) \tag{3-14}$$

　　单频平面行波的平均能量密度为

$$E = \frac{1}{2}\rho V_0^2 = \frac{1}{2}\frac{p_0^2}{\rho c^2} \tag{3-15}$$

　　根据声场基本量的描述，瞬时声强为

$$I(t) = p(t)V(t) = \frac{1}{2}p_0 V_0 + \frac{1}{2}p_0 V_0 \cos 2(\omega t - kx - \varphi_p) \tag{3-16}$$

　　式（3-16）中的第一项与时间 t 无关。第二项在一个周期时间内等于零，这样，平面波的平均声强为

$$I =< I(t)n >= \frac{1}{2}p_0 V_0 n \tag{3-17}$$

　　如果在声场中的测量点上有几个同频率、不同方向的平面单频声波通过，那么总的合成振速就会相对于声压产生相移，并且方向也不同于波的传播方向。此时，该点声场的四个分量分别为

$$\begin{cases} p(t) = p_0 \cos(\omega t + \varphi_p) \\ V_x(t) = V_{0,x} \cos(\omega t + \varphi_p - \varphi_x) \\ V_y(t) = V_{0,y} \cos(\omega t + \varphi_p - \varphi_y) \\ V_z(t) = V_{0,z} \cos(\omega t + \varphi_p - \varphi_z) \end{cases} \quad (3\text{-}18)$$

式中，p_0、$V_{0,x}$、$V_{0,y}$、$V_{0,z}$ 表示振幅；ω 表示角频率；t 表示时间；$\varphi_p - \varphi_x$、$\varphi_p - \varphi_y$ 和 $\varphi_p - \varphi_z$ 分别为振速分量 V_x、V_y、V_z 与声压之间的相位差。

对于式（3-18），总的合成振速矢量为

$$V(t) = iV_x(t) + jV_y(t) + kV_z(t) \quad (3\text{-}19)$$

式中，i, j, k 表示笛卡儿坐标系的单位矢量。

总的合成声强分量的平均值 I_x、I_y、I_z 在笛卡儿坐标系可写为

$$\begin{cases} I_x = \dfrac{1}{2} p_0 V_{0,x} \cos(\varphi_p - \varphi_x) \\[2mm] I_y = \dfrac{1}{2} p_0 V_{0,y} \cos(\varphi_p - \varphi_y) \\[2mm] I_z = \dfrac{1}{2} p_0 V_{0,z} \cos(\varphi_p - \varphi_z) \end{cases} \quad (3\text{-}20)$$

总声能流密度矢量的平均值为

$$I(t) = iI_x + jI_y + kI_z \quad (3\text{-}21)$$

平均声强写为复数形式为

$$I = \frac{1}{2} \langle \mathrm{Re}\{p(t)V^*(t)\} \rangle = \frac{1}{2} \langle \mathrm{Re}\{p^*(t)V(t)\} \rangle \quad (3\text{-}22)$$

式中，Re 表示复数的实部；*表示复共轭。

在某个测量点 $A(x, y, z)$，声能流密度矢量的正交分量的复数形式为

$$\begin{cases} I_x = \dfrac{1}{2} \langle \mathrm{Re}\{p(t)V_x^*(t)\} \rangle \\[2mm] I_y = \dfrac{1}{2} \langle \mathrm{Re}\{p(t)V_y^*(t)\} \rangle \\[2mm] I_z = \dfrac{1}{2} \langle \mathrm{Re}\{p(t)V_z^*(t)\} \rangle \end{cases} \quad (3\text{-}23)$$

3.3　水下声波的基本方程

广义地说，一种物质存在于另一种物质内部时，后一种物质就可称为是前一种物质的介质。某些波状运动，如声波、电磁波等，借以传播的物质称为这种波状运动的介质，如机械波介质、电介质等。波动能量的传递需要物质中基

本粒子的弹性或准弹性碰撞来实现，这种物质的成分、形状、密度以及运动状态等决定了波动能量的传递状态，这种对波的传播起决定作用的物质称为波的介质。

除特殊说明外，本章假设介质的切面弹性模量为零，不具有声吸收现象，并且除了声本身的振动外，介质本身不做整体的运动，即在理想流体介质的假设下，介绍声波的基本方程、声场的基本性质和能量关系等。

3.3.1　声波的基本方程

1. 连续性方程

根据质量守恒定律，连续介质中，如果流进与流出某一空间体积元的流体质量不等，则这个质量增量必然会引起体积中密度的变化。

如图 3.1 所示，考虑声场中一点 $M(x, y, z)$，以 M 点为中心做一小立方体 $ABCDEFGH$，体积为 $\mathrm{d}V = \mathrm{d}x\mathrm{d}y\mathrm{d}z$。设某一瞬时 t，介质质点流过 M 点的速度矢量为 $V(x, y, z, t)$，M 点的密度为 $\rho(x, y, z, t)$，则单位时间通过 M 点单位面积的介质质量为 ρV。单位时间沿 Ox 方向流入 $ABCD$ 面的流量为

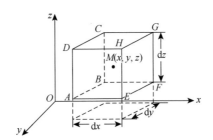

图 3.1　连续性方程图解

$$\left(\rho V_x + \frac{\partial(\rho V_x)}{\partial x} \cdot \left(-\frac{\mathrm{d}x}{2} \right) \right) \mathrm{d}y\mathrm{d}z + \cdots$$

流出 $EFGH$ 面的流量为

$$\left(\rho V_x + \frac{\partial(\rho V_x)}{\partial x} \cdot \left(\frac{\mathrm{d}x}{2} \right) \right) \mathrm{d}y\mathrm{d}z + \cdots$$

则沿 Ox 方向的流量在 $\mathrm{d}V$ 中净余量为两式之差：

$$-\left(\frac{\partial}{\partial x}(\rho V_x) \right) \mathrm{d}x\mathrm{d}y\mathrm{d}z$$

同理，沿 Oy、Oz 方向的流量在 $\mathrm{d}V$ 中的净余量为

$$-\left(\frac{\partial}{\partial y}(\rho V_y)\right)\mathrm{d}x\mathrm{d}y\mathrm{d}z$$

$$-\left(\frac{\partial}{\partial z}(\rho V_z)\right)\mathrm{d}x\mathrm{d}y\mathrm{d}z$$

上面三式相加，得到单位时间体积元中净余流体质量为

$$-\left(\frac{\partial}{\partial x}(\rho V_x)+\frac{\partial}{\partial y}(\rho V_y)+\frac{\partial}{\partial z}(\rho V_z)\right)\mathrm{d}x\mathrm{d}y\mathrm{d}z$$

另外，dV 中质量增减引起密度随时间变化，单位时间 dV 中密度变化引起质量增量为

$$\frac{\partial \rho}{\partial t}\mathrm{d}V=\frac{\partial \rho}{\partial t}\mathrm{d}x\mathrm{d}y\mathrm{d}z$$

最后两式相等，即得到连续性方程：

$$\frac{\partial \rho}{\partial t}=-\left(\frac{\partial}{\partial x}(\rho V_x)+\frac{\partial}{\partial y}(\rho V_y)+\frac{\partial}{\partial z}(\rho V_z)\right)\qquad(3\text{-}24)$$

或

$$\frac{\partial \rho}{\partial t}=-\nabla\cdot(\rho V)\qquad(3\text{-}25)$$

由于 ρV 表示单位时间内通过与流速方向垂直的单位面积的流量，可以称它为流通密度。式（3-25）表示流通密度在某一点散度的负值等于该点介质密度的时间变化率。

密度 ρ 和振速 V' 包括两个部分：

$$\begin{cases}\rho(x,y,z,t)=\rho_0(x,y,z)+\rho_1(x,y,z,t)\\ V'(x,y,z,t)=V_0(x,y,z)+V(x,y,z,t)\end{cases}\qquad(3\text{-}26)$$

式中，ρ_0、V_0 和 ρ_1、V 分别为声波作用前、作用后的介质密度和质点振速。

实际上，即使没有声波的作用，海水中各点的密度也不相等，一般它是空间的分布函数。同时海水的温度还有微小起伏，其密度值还随时间变化，因而介质静态密度分布函数取时间的平均值 $\bar{\rho}_0(x,y,z)$。通常认为介质的起始密度与时间无关，即 $\frac{\partial \rho}{\partial t}=\frac{\partial \rho_1}{\partial t}$，如果介质的非均匀性很小，近似认为 ρ_0 是常量。

当声波振幅很小时，$\rho_1\ll\rho_0$，又设介质静止 $V_0=0$，故式（3-25）写成

$$\frac{\partial \rho_1}{\partial t}+\nabla\cdot(\rho_0 V)=0\qquad(3\text{-}27)$$

最后指出，若体积元中有振源存在，式（3-24）应做修正。原体积中的密度将因振源的体积变化而变化。振源膨胀体积 dV 可视为在某时间间隔 δt 内放出流体的质量 $Q=\delta t V\cdot\rho$。于是以 $Q_1=Q/(\mathrm{d}V\cdot\delta t)$ 表示单位时间、单位体积中排出的

质量，将其代入式（3-24）或式（3-26），得

$$\frac{\partial \rho_1}{\partial t} + \nabla \cdot (\rho V) = Q_1$$

或

$$\frac{\partial \rho_1}{\partial t} + \nabla \cdot (\rho_0 V) = Q_1 \tag{3-28}$$

显然，Q_1 也是空间坐标和时间的函数。

2. 状态方程

声波作用下介质产生压缩伸张形变，因此介质的密度和压强都发生变化，即声波通过时，介质将产生状态的变化。利用热力学中描述状态变化过程的关系式，可描述声波作用下密度和压强等热力学参量变化的关系。

根据热力学关系，对于一定质量的介质，其状态方程表示成压强 P、密度 ρ 及系统的熵 S 的函数关系：

$$P = f(\rho, S)$$

由于压力和密度变化微小，可将上式用泰勒级数展开，对于等熵过程：

$$\mathrm{d}P = P - P_0 = p = \left(\frac{\partial f}{\partial \rho}\right)_{s0} \mathrm{d}\rho + \cdots$$

忽略高阶小项，有

$$\mathrm{d}P \approx \left(\frac{\partial f}{\partial \rho}\right)_{s0} \mathrm{d}\rho$$

式中，$\left(\frac{\partial f}{\partial \rho}\right)_{s0}$ 表示等熵情况下，密度增量 $\partial \rho$ 和相应的压强增量 $\mathrm{d}P$ 之间的比例常数。

对于一定介质，绝热压缩时，$\partial \rho > 0$，温度升高，即 $\mathrm{d}P > 0$。因此，系数 $\left(\frac{\partial f}{\partial \rho}\right)_{s0} > 0$，

令 $c^2 = \left(\frac{\partial f}{\partial \rho}\right)_{s0}$，则有

$$\frac{\mathrm{d}P}{\mathrm{d}t} = c^2 \frac{\mathrm{d}\rho}{\mathrm{d}t} \tag{3-29}$$

或

$$\frac{\partial \rho}{\partial t} = \frac{1}{c^2} \cdot \frac{\partial P}{\partial t}$$

式中，c 就是小振幅声波的速度。

3. 运动方程

声波在连续介质中传播时，各处压缩不同、压强不等。对任意小块质团，其四面受力不均衡，根据牛顿运动定律，可建立起运动方程式。

取声场中微小流体介质体积元 $\mathrm{d}V$，其中心坐标为 $M(x, y, z)$，体积为 $\mathrm{d}V = \mathrm{d}x\mathrm{d}y\mathrm{d}z$（图 3.2）。

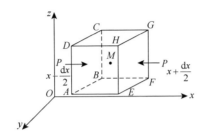

图 3.2　连续介质中微元坐标

设介质原来为静止（$V = 0$），当声波通过时，介质质点的振速分布函数为 $V(x, y, z, t)$，压力分布函数为 $p(x, y, z, t)$。沿 Ox、Oy、Oz 方向的合力分别为

$$\mathrm{d}F_x = \left(P_{x-\frac{\mathrm{d}x}{2}} - P_{x+\frac{\mathrm{d}x}{2}}\right)\mathrm{d}y\mathrm{d}z = -\frac{\partial P}{\partial x}\mathrm{d}x\mathrm{d}y\mathrm{d}z$$

$$\mathrm{d}F_y = -\frac{\partial P}{\partial y}\mathrm{d}x\mathrm{d}y\mathrm{d}z$$

$$\mathrm{d}F_z = -\frac{\partial P}{\partial z}\mathrm{d}x\mathrm{d}y\mathrm{d}z$$

则 $\mathrm{d}V$ 介质受到的合力可以用矢量表示，有

$$-\nabla P(x, y, z)\mathrm{d}x\mathrm{d}y\mathrm{d}z$$

若静压强 P_0 为常数，则 $\nabla P \equiv \nabla p$，从而作用于体积元的合力为 $-\nabla p(x, y, z)\mathrm{d}x\mathrm{d}y\mathrm{d}z$。

由于所取流体元的体积甚小，中心点速度等于整个流体元的平均速度。将牛顿第二定律用于连续介质的微分流体元，得运动方程为

$$(\rho\mathrm{d}V)\frac{\mathrm{d}V}{\mathrm{d}t} = -\nabla p \cdot \mathrm{d}V$$

即

$$\rho\frac{\mathrm{d}V}{\mathrm{d}t} = -\nabla p \qquad (3\text{-}30)$$

式（3-30）又称为欧拉方程，它表示介质中质点的加速度与密度的乘积等于沿加速度方向的负压力梯度。式中 $\dfrac{\mathrm{d}V}{\mathrm{d}t}$ 是质点 $M(x, y, z)$ 的加速度，它是速度 V 对

时间 t 取全微分：

$$\frac{\mathrm{d}V}{\mathrm{d}t} = \frac{\partial V}{\partial t} + (V \cdot \nabla)V \tag{3-31}$$

式中，等号右边第一项表示 M 点速度随时间变化所取得的加速度，称为本地加速度；等号右边第二项表示质点推移一空间距离所取得的加速度，称为迁移加速度。

将式（3-31）代入式（3-30），得

$$\rho\left(\frac{\partial V}{\partial t} + (V \cdot \nabla)V\right) = -\nabla p \tag{3-32}$$

小振幅声场中，振速比声速小很多，$(V \cdot \nabla)V$ 相比 $\frac{\partial V}{\partial t}$ 为高阶小量，可略去。于是得到静止介质中小振幅波的运动方程：

$$\rho\frac{\partial V}{\partial t} = -\nabla p \tag{3-33}$$

或者写成三个坐标轴投影的形式：

$$\rho\frac{\partial V_i}{\partial t} + \rho\sum_{j=1}^{3}V_j\frac{\partial V_i}{\partial x_j} = -\frac{\partial P}{\partial x_i}$$

需要指出的是，推导式（3-30）时，仅考虑介质声压的作用，如有其他外力作用，则应对式（3-30）进行适当修正。

4. 小振幅波传播的波动方程

前面已经讨论了声学量 p、V、ρ 之间的三个关系式（3-25）、式（3-29）、式（3-30），它们是在无源静止中得到的。上述三个方程是相互独立的。利用它们消去 p、V、ρ 中任意两个量，可得第三个量的时空关系。由于振速 V 是矢量，用它计算声场较麻烦，变化的密度 ρ 不便测量，而声压是标量。因此声学测量与理论分析常采用声压 p 来描述声场。由三个方程消去 ρ 和 V，可求得关于 p 的微分方程式。

先将式（3-25）对 t 求偏导数，得

$$\frac{\partial^2\rho_1}{\partial t^2} + \nabla\left(\rho_0\frac{\partial V}{\partial t}\right) = 0$$

将式（3-33）代入上式，有

$$\frac{\partial^2\rho_1}{\partial t^2} - \nabla(\nabla p) = 0 \tag{3-34}$$

又

$$\frac{\mathrm{d}\rho}{\mathrm{d}t} = \frac{\partial\rho}{\partial t} + (V \cdot \nabla)\rho \tag{3-35}$$

式中，等号右边第一项表示声波作用在(x, y, z)点密度产生的变化率；等号右边第二项表示质团在声波作用下，迁移到新位置取得新坐标处的密度增量，因而取得一"推移"密度变化率。值得注意的是，即使密度 ρ_0 的空间分布是均匀的，"推移"密度变化率仍然存在。由于 $\rho = \rho_0 + \rho_1$，如果介质密度 ρ_0 为均匀分布且不随时间变化，则式（3-35）可写为

$$\frac{\mathrm{d}\rho}{\mathrm{d}t} = \frac{\partial \rho_1}{\partial t} + (\boldsymbol{V} \cdot \nabla)\rho_1$$

在小振幅波场中，由于 $(\boldsymbol{V} \cdot \nabla)\rho_1$ 为二阶小量，故可略去，则有

$$\frac{\mathrm{d}\rho}{\mathrm{d}t} \approx \frac{\partial \rho_1}{\partial t}, \quad \frac{\mathrm{d}P}{\mathrm{d}t} \approx \frac{\partial p}{\partial t}$$

于是

$$\frac{\partial p}{\partial t} = c^2 \frac{\partial \rho_1}{\partial t} \tag{3-36}$$

将式（3-36）代入式（3-34），得到理想、均匀、静止流体中小振幅波的波动方程：

$$\frac{1}{c^2} \cdot \frac{\partial^2 p}{\partial t^2} - \nabla^2 p = 0 \tag{3-37}$$

式中，∇ 表示拉普拉斯算子，对不同坐标系具有不同形式。坐标的选择依据具体问题而定。

在直角坐标系中将 ∇^2 写成

$$\nabla^2 = \frac{\partial^2}{\partial x^2} + \frac{\partial^2}{\partial y^2} + \frac{\partial^2}{\partial z^2} \tag{3-38}$$

在球坐标系中将 ∇^2 写成

$$\nabla^2 = \frac{1}{r^2} \cdot \frac{\partial}{\partial r}\left(r^2 \frac{\partial}{\partial r}\right) + \frac{1}{r^2 \sin\theta} \cdot \frac{\partial}{\partial\theta}\left(\sin\theta \frac{\partial}{\partial\theta}\right) + \frac{1}{r^2 \sin^2\theta} \cdot \frac{\partial^2}{\partial\varphi^2} \tag{3-39}$$

式中，r 表示半径；φ 表示方向角；θ 表示极角。

在柱坐标系中，将 ∇^2 写成

$$\nabla^2 = \frac{1}{r} \cdot \frac{\partial}{\partial r}\left(r \frac{\partial}{\partial r}\right) + \frac{1}{r^2} \cdot \frac{\partial^2}{\partial\varphi^2} + \frac{\partial^2}{\partial z^2} \tag{3-40}$$

式中，r 表示半径；z 表示轴向坐标；φ 表示方向角。

由式（3-40）可见，波动方程反映了声压 $p(x, y, z, t)$ 随空间(x, y, z)和时间 t 变化的时间和空间的联系，物理量的这种时空关系反映其波动性质，因此反映时空联系的偏微分方程称为波动方程。

3.3.2   声场中的标量信号、矢量信号及其能量

波动可以看成振动在空间中的传播，而振动本身是介质质点相对于初始平衡位置的位移。在声波作用下，介质质点围绕其平衡位置往复振动，其瞬时位置即振动位移和瞬时速度均随时间而变化，因此也可用质点的振动位移或速度描述声场。

在声波作用下，介质质点离开平衡位置 $r = r(x, y, z)$，产生位移 Δr：

$$\Delta r(t) = i\xi(t) + j\eta(t) + k\zeta(t)$$

从而导致介质质点的密度 $\rho(r, t)$、振速 $V(r, t)$ 及声压 $P(r, t)$ 发生变化，这种变化关系可用图 3.3 揭示出来[2-4]。

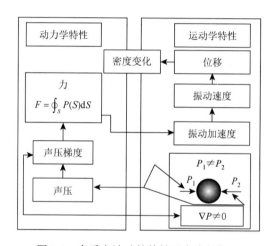

图 3.3   介质中波动的特性及产生的机理

因此，声场中的各物理量可以用标量和矢量的组合来表示，简述如下。

1. 矢量

表示质点振动位移：

$$\Delta r(t) = i\xi(t) + j\eta(t) + k\zeta(t)$$

表示质点振速：

$$V_x = \frac{\partial \xi(t)}{\partial t}$$

$$V_y = \frac{\partial \eta(t)}{\partial t}$$

$$V_z = \frac{\partial \zeta(t)}{\partial t}$$

表示质点加速度：

$$a_x = \frac{\partial V_x(t)}{\partial t} = \frac{\partial^2 \xi(t)}{\partial t^2}$$

$$a_y = \frac{\partial V_y(t)}{\partial t} = \frac{\partial^2 \eta(t)}{\partial t^2}$$

$$a_z = \frac{\partial V_z(t)}{\partial t} = \frac{\partial^2 \zeta(t)}{\partial t^2}$$

表示声压梯度：

$$\frac{\mathrm{d}P}{\mathrm{d}x}, \frac{\mathrm{d}P}{\mathrm{d}y}, \frac{\mathrm{d}P}{\mathrm{d}z}$$

2. 标量

（1）声压 P；

（2）密度变量 $\Delta\rho = \rho - \bar{\rho} = \rho - \rho_0$。

利用欧拉方程可求出：

$$\boldsymbol{V} = -\frac{1}{\rho_0} \int \nabla P \cdot \mathrm{d}t \tag{3-41}$$

空间声场中，任意 $\boldsymbol{r}$ 方向振速的投影与声压梯度的关系为

$$V_r = -\frac{1}{\rho_0} \int \left|\frac{\mathrm{d}P}{\mathrm{d}\boldsymbol{r}}\right| \mathrm{d}t = -\frac{1}{\rho_0} \int \frac{\mathrm{d}P}{\mathrm{d}r} \mathrm{d}t \tag{3-42}$$

数学上为了方便书写，取 $\dfrac{\mathrm{d}P}{\mathrm{d}\boldsymbol{r}} \equiv \dfrac{\mathrm{d}P}{\mathrm{d}r} \cdot \dfrac{\boldsymbol{r}}{|\boldsymbol{r}|} = \dfrac{\mathrm{d}P}{\mathrm{d}r} \cdot \boldsymbol{n}_r$，其中 $\boldsymbol{n}_r$ 为 $\boldsymbol{r}$ 方向的单位矢量。

对于频率为 ω 的谐和波，式（3-42）可以写为

$$V_r = -\frac{\mathrm{j}}{\rho_0 \omega} \frac{\mathrm{d}P}{\mathrm{d}r} \tag{3-43}$$

为了简化式（3-41），引入速度势函数 $\varPhi$。

如果运动是无旋的，则质点振速可用速度势标量函数的负梯度来表示：

$$\boldsymbol{V} = -\nabla \varPhi \tag{3-44}$$

而声压表示成

$$P = \rho \frac{\partial \varPhi}{\partial t} \tag{3-45}$$

可以证明，速度势函数 $\varPhi$ 的波动方程为

$$\frac{1}{c^2} \cdot \frac{\partial^2 \varPhi}{\partial t^2} = \nabla^2 \varPhi \tag{3-46}$$

可见，只要求出满足初始和边界条件的波动方程（3-46）的解 $\varPhi(x, y, z, t)$，就

可利用式（3-44）和式（3-45），通过微分求得声场中的声压 $P(x, y, z, t)$ 和质点振速 $V(x, y, z, t)$。

对于谐和波，声强为

$$I = \frac{1}{2} P_0 V_0 \cos(\Delta\phi_{PV})$$

式中，$\Delta\phi_{PV}$ 为声压与质点振速之间的相位差。

对于平面行波，有

$$I = \frac{1}{2} P_0 V_0 = \frac{P_0^2}{2\rho c} \tag{3-47}$$

设 $\boldsymbol{I}(t) = P(t)\boldsymbol{V}(t)$ 为瞬时声强矢量，根据经典功率的概念，声功率流矢量为

$$\boldsymbol{W} = \overline{\boldsymbol{I}(t)} = \frac{1}{\tau}\int_0^\tau \boldsymbol{I}(t)\mathrm{d}t \equiv \frac{1}{\tau}\int_0^\tau P(t)\boldsymbol{V}(t)\mathrm{d}t \tag{3-48}$$

以上的描述还不能完全穷尽矢量-相位法所涉及的变量，因此，通常还需在时间上对声强取平均 $\overline{P(t) \cdot \boldsymbol{V}(t)}$，当 $P(t)$ 和 $\boldsymbol{V}(t)$ 不同相，即它们之间存在相位差 $\Delta\phi_{PV}$ 时，这个平均值具有两个分量。

特征声功率流矢量是周期 T（或时间 τ）内瞬时声强的平均值：

$$\boldsymbol{W} = \overline{\boldsymbol{I}(t)} = \frac{1}{\tau}\int_0^\tau \boldsymbol{I}(t)\mathrm{d}t \equiv \frac{1}{\tau}\int_0^\tau P(t)\boldsymbol{V}(t)\mathrm{d}t$$

在平面行波场中，$P(t)$ 和 $\boldsymbol{V}(t)$ 同相，$\boldsymbol{W}$ 的模就是式（3-47）。

$\boldsymbol{r}$ 方向的声功率流矢量的投影 W_{Rr} 可以表示为

$$W_{Rr} = \overline{P(t)V_r(t)}\Big|_\tau \equiv \frac{1}{\tau}\int_0^\tau P(t)V(t)\mathrm{d}t = P_\vartheta V_{\vartheta r}\cos\Delta\phi_{PV}$$

或（复数形式）

$$W_{Rr} = \frac{1}{2}\mathrm{Re}\{P^*V_r\} = \frac{1}{2}\mathrm{Re}\{PV_r^*\} = \frac{1}{4}(PV_r^* + P^*V_r) \tag{3-49}$$

式中，P_ϑ、$V_{\vartheta r}$ 分别表示声压有效值和 $\boldsymbol{r}$ 方向振速的投影；$\Delta\phi_{PV} = \phi_V - \phi_P$ 表示声压和振速之间的相位差。

声功率流密度的无功分量（有些文献中也称为无功声能密度或无功声功率密度）：$\boldsymbol{r}$ 方向无功声能密度矢量在介质一定区域中的投影，类似 W_{Rr} 的计算公式，可写为

$$W_{Ir} = \overline{P(t)V_r\left(\frac{T}{2}\right)}\Big|_\tau = P_\vartheta V_{\vartheta r}\sin\Delta\phi_{PVr}$$

$$= \frac{1}{2}\mathrm{Im}\{P^*V_r\} = -\frac{1}{2}\mathrm{Im}\{PV_r^*\} = \frac{1}{4}(P^*V_r - PV_r^*) \tag{3-50}$$

这样，声波的声功率流矢量可以写为复数形式：

$$W = \frac{1}{2}\mathrm{Re}\{P^*V\} + \mathrm{j}\frac{1}{2}\mathrm{Im}\{P^*V\} = W_R + \mathrm{j}W_I \qquad (3\text{-}51)$$

式（3-51）中的第一项描述空间中被传递的能量部分（就是特征声功率流），而第二项是空间局部区域中声功率流的无功分量。

由式（3-49）和式（3-50）可以看出声场中的声压和振速之间的幅值、相位关系。

对上面讨论的均匀各向同性空间中的平面行波（$P = P_0\mathrm{e}^{\mathrm{j}(\omega t - kr)}$），沿波传播方向 r 的声功率流矢量，可以用式（3-47）定量地描述，在数值上与声强值相等。声能密度的无功量 $W_I = 0$。

注意到，声场中特征声功率流的流动轨迹是连续的，就是 $\oint_S W_R$ 等于常数。这种表示法类似静电场中的高斯定理。

无功分量描述的只是相对独立的空间段中能量的转移情况。

以单极子、声源强度为 I 的已知声发射器为例来进行分析，其势能为

$$\Phi = \frac{I}{4\pi r}\mathrm{e}^{\mathrm{j}(\omega t - kr)}$$

声压为

$$P(r,t) = \mathrm{j}\frac{I}{4\pi}\rho c\frac{k}{r}\mathrm{e}^{\mathrm{j}(\omega t - kr)}$$

r 方向振速投影为

$$V_r(r,t) = -\frac{I}{4\pi}\frac{1-\mathrm{j}kr}{r^2}\mathrm{e}^{\mathrm{j}(\omega t - kr)}$$

在发射器近场 P 和 V_r 不同相，它们之间的相位差用 $\tan\phi = 1/(kr)$ 来确定。

声功率流和声能流密度无功分量可表示为

$$W_R(r) = \frac{1}{2}\mathrm{Re}\{PV_r^*\} = \frac{1}{2}\frac{I^2}{4\pi}\frac{k^2\rho c}{4\pi r^2}$$

$$W_I(r) = \frac{1}{2}\mathrm{Im}\{PV_r^*\} = -\frac{1}{2}\frac{I^2}{4\pi}\frac{k\rho c}{4\pi r^2}\frac{1}{r}$$

对于半径为 a 的封闭球体，有

$$W_{RS} = \oint_S W_R \mathrm{d}S = W_R(a)\cdot 4\pi a^2 = \frac{1}{2}\frac{I^2}{4\pi}k^2\rho c$$

同时，比值 W_R/W_I 也像相位差 $\Delta\phi$ 一样，带来了接收点与发射器之间的距离信息：

$$W_R/W_I = -kr$$

假设，在某个空间区域中同时有两个传播方向相反、幅值不等的波激励，当由某个吸声表面反射时，它们相遇。介质质点在整个过程的速度可表示为

$$\xi = \xi_1 e^{j(\omega t - kx)} + \xi_2 e^{j(\omega t + kx)}$$

此时，有

$$P = \rho c \xi = \rho c \xi_1 e^{j(\omega t - kx)} + \rho c \xi_2 e^{j(\omega t + kx)} = P_1 e^{j(\omega t - kx)} + P_2 e^{j(\omega t + kx)}$$

将上面的表达式进行如下变换：

$$\xi = \xi_2 (e^{j(\omega t - kx)} + e^{-j(\omega t - kx)}) + (\xi_1 - \xi_2) e^{j(\omega t - kx)}$$

$$= 2\xi_2 \frac{e^{j(\omega t - kx)} + e^{-j(\omega t - kx)}}{2} + (\xi_1 - \xi_2) e^{j(\omega t - kx)}$$

$$= 2\xi_2 e^{j\omega t} \cdot \cos(kx) + (\xi_1 - \xi_2) \cdot e^{j(\omega t - kx)}$$

$$P = -2P_2 e^{j\omega t} \frac{e^{jkx} - e^{-jkx}}{2} + (P_1 - P_2) \cdot e^{j(\omega t - kx)}$$

$$= 2P_2 e^{j\left(\omega t - \frac{\pi}{2}\right)} \cdot \sin(kx) + (P_1 - P_2) \cdot e^{j(\omega t - kx)}$$

得到

$$\xi = 2\xi_2 \cos(kx) \cdot \cos(\omega t) + (\xi_1 - \xi_2) \cos(\omega t - kx)$$

$$P = 2P_2 \sin(kx) \cdot \cos(\omega t) + (P_1 - P_2) \cos(\omega t - kx)$$

显然，这些表达式中的第一项是驻波，第二项是行波。当声场中幅值相等，即 $P_1 = P_2 = P_0$ 时，在空间形成固定的平面区域，当 $kx = n\pi$（或 $x = n\frac{\lambda}{2}$）时，振速具有最大振速幅值（波腹）；当 $kx = \frac{\pi}{2} + n\pi$（或 $x = \frac{(2n+1)\lambda}{4}$）时，振速幅值为零（波节）。动能在声压波节处达到最大，而势能是在声压波腹处最大。

3.3.3 水下平面波声场的特点

所谓平面波是指波阵面或等相位面为平面的波，即在同一时刻振动相位相同的质点在同一无限延展的平面上，在理想、无限、均匀介质中，小振幅单向平面波具有保持波形不变的特点，在考虑到介质的吸收作用时，平面波的波幅也将随传播距离增大而衰减。单向传播的波称为行波（前进波），正向波的声压表示为

$$p(x,t) = f_1(x - ct) \tag{3-52}$$

振速为

$$V(x,t) = -\frac{1}{\rho_0} \int \frac{\partial f_1}{\partial x} dt = \frac{1}{\rho_0 c} f_1(x - ct) = \frac{1}{\rho_0 c} p(x,t) \tag{3-53}$$

比较以上两式可见，平面行波场中，振速波形和声压波形完全一致，两者之间的比例常数为 $\rho_0 c$，被称为介质的特性阻抗，这个常数仅取决于介质本身的参数，是反映声学特性的常数。在不同形式的波（如球面波、柱面波等）中，振速和声

压的传播波形不同，只有在平面波场中，声压、振速之比为只取决于介质参数的常数，这是平面波的另一重要特点[5, 6]。

设声压和振速是随时间变化的谐和函数，它是振动形式最简单的声波。由谐和波的讨论可以了解声波的许多基本特性，同时任意时间函数振动的波可根据傅里叶分析转化成谐和函数的级数或积分形式，因此谐和波是一般振动形式的基础。

1. 沿轴传播的平面波声压及质点振速

设有一个在无穷大表面上做谐和振动的声源，则场中每个质点做谐和律振动，因此 $f_1(x-ct)$ 应取谐和函数。声场中声压函数为

$$p(x,t) = A\cos k(x - ct) \tag{3-54}$$

式中，A 和 k 由振源表面条件决定。

设振源表面（$x = 0$）的声压为

$$p(0,t) = p_0 \cos(\omega t) \tag{3-55}$$

式中，p_0 表示声压幅值；ω 表示角频率。

由此可得 $A = p_0$，$k = \omega/c$，于是

$$p(x,t) = p_0 \cos(\omega t - kx) \tag{3-56}$$

平面波传播时，在 $x = x_1$ 平面上的点的振动，比 $x = 0$ 处的振动落后相位角 ϕ_1：

$$\phi_1 = kx_1 = \frac{\omega}{c}x_1 = \frac{2\pi f}{c}x_1 = \frac{2\pi}{\lambda}x_1 \tag{3-57}$$

式中，$k = \dfrac{\omega}{c} = \dfrac{2\pi}{\lambda}$ 称为波数，它等于波传播单位距离落后的相位角，声场中沿波传播方向相距一个波长 λ 的两点的振动相位差为 180°。

为计算方便，将式（3-56）记为

$$p(x,t) = p_0 \, \mathrm{e}^{\mathrm{j}(\omega t - kx)} \tag{3-58}$$

由式（3-53）和式（3-58）得谐和平面波的振速为

$$V = -\frac{1}{\rho_0} \int \frac{\partial p}{\partial x} \mathrm{d}t = \frac{p_0}{\rho_0 c} \mathrm{e}^{\mathrm{j}(\omega t - kx)} \tag{3-59}$$

与式（3-41）相比较，可见质点振速和声压同相，比例常数 $Z_0 = \rho_0 c$。

2. 任意方向传播的平面波声压表达式

设坐标原点声压为

$$p_0 \, \mathrm{e}^{\mathrm{j}\omega t}$$

由平面波传播特点可知，离原点垂直距离为 L 的波阵面上 O' 点声压的相位比原点落后 kL（图3.4），所以波阵面上 O' 点的声压为

$$p_0 \mathrm{e}^{\mathrm{j}(\omega t - kL)}$$

将 k 表示成矢量 $\boldsymbol{k}$（波矢量），其绝对值 $k = \omega/c$，而其方向为波传播的方向 $\boldsymbol{n}$。设平面波传播方向的方向余弦为 $\cos\alpha_1$、$\cos\alpha_2$、$\cos\alpha_3$，则

$$\boldsymbol{k} = k\boldsymbol{n} = k_x\boldsymbol{i} + k_y\boldsymbol{j} + k_z\boldsymbol{k} = (k\cos\alpha_1)\boldsymbol{i} + (k\cos\alpha_2)\boldsymbol{j} + (k\cos\alpha_3)\boldsymbol{k}$$

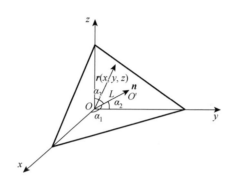

图 3.4　$\boldsymbol{n}$ 方向传播的平面波阵面

设场中一点的位置矢量 $\boldsymbol{r} = x\boldsymbol{i} + y\boldsymbol{j} + z\boldsymbol{k}$，则原点到 $\boldsymbol{r}$ 所在波阵面的垂直距离 L 写成

$$L = r\cos(\boldsymbol{r}, \boldsymbol{n}) = \boldsymbol{r} \cdot \boldsymbol{n}$$

故平面波场中 $\boldsymbol{r}$ 点的声压写为

$$p(\boldsymbol{r}, t) = p_0\, \mathrm{e}^{\mathrm{j}(\omega t - \boldsymbol{k} \cdot \boldsymbol{r})} \tag{3-60}$$

或用传播方向的方向余弦表示成 x, y, z 点的声压：

$$p(x, y, z) = p_0\, \mathrm{e}^{\mathrm{j}(\omega t - kx\cos\alpha_1 - ky\cos\alpha_2 - kz\cos\alpha_3)} \tag{3-61}$$

3. 谐和律平面波声强

根据式（3-58）和式（3-59），利用式（3-30）可得声强：

$$I = \frac{1}{T}\int_0^T \mathrm{Re}\{p(x,t)\} \cdot \mathrm{Re}\{V(x,t)\}\mathrm{d}t = \frac{1}{T}\frac{p_0^2}{\rho_0 c}\int_0^T \cos^2(\omega t - kx)\mathrm{d}t = \frac{p_0^2}{2\rho_0 c} = \frac{1}{2}\rho_0 c V_0^2 \tag{3-62}$$

或

$$I = \rho_0 c V_{\mathrm{eff}}^2 = p_{\mathrm{eff}} V_{\mathrm{eff}} = \frac{p_{\mathrm{eff}}^2}{\rho_0 c} = \rho_0 c \omega^2 \xi_{\mathrm{eff}}^2$$

式中，p_{eff}、V_{eff}、ξ_{eff} 表示声压、振速及位移的有效值。

图 3.5 表示声场中 $x = x_0$ 处声压 $p(x_0, t)$、振速 $V(x_0, t)$ 以及能流密度 $\omega(x_0, t)$、声强 $I(x_0, t)$ 随时间变化的曲线。I 是 ω 取时间平均值，即为 $\omega(x_0, t)$ 曲线下面积的平均值，可见 I 等于 $\omega(x_0, t)$ 最大值的一半。

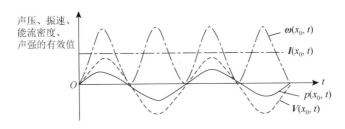

图 3.5　声压、振速、能流密度、声强之间的关系

平面波声场中声强和声压的平方和振速的平方成正比，因此，振幅越大，声强也越大。当振速幅值相同时，还和介质的特性阻抗成正比，即相同频率、位移振幅相等的平面波，在水中要比空气中的声强大几千倍。声波位移振幅 ξ_{eff} 相等时，高频波的声强更大，即高频声波向介质馈送能量的效果更佳。在低频辐射高强度声波时，要求有更大的位移，因而低频辐射比较困难。但不能认为因此使用低频声波不利，为了增大检测目标的作用距离，现代声呐的工作频率逐渐向低频发展。理想介质中，平面声波的声压和振速幅值不随传播距离而变化，因此理想介质中平面声波的声强处处相等，也不随传播距离而变化，这是理想介质中平面声波的又一特点。

参 考 文 献

[1]　何祚镛，赵玉芳. 声学理论基础[M]. 北京：国防工业出版社，1981.

[2]　Гордиенко В А，Ильичев В И，Захаров Л Н. Векторн-фазовые Методы в Акустике[M]. Москва：Наука，1989.

[3]　布列霍夫斯基. 海洋声学[M]. 山东海洋学院海洋物理系，中国科学院声学研究所水声研究室，译. 北京：科学出版社，1983.

[4]　尤立克. 水声原理[M]. 洪申，译. 3 版. 哈尔滨：哈尔滨船舶工程学院出版社，1990.

[5]　杨士莪. 水声传播原理[M]. 哈尔滨：哈尔滨工程大学出版社，1994.

[6]　钱秋珊，陆根源. 水声信号处理基础[M]. 北京：国防工业出版社，1981.

第4章　水下声传感器

　　根据声学基础知识，我们知道水下声场中任意一点都可以由多个声学量来描述，如声压 $p(t)$ 和质点振速 $V(t)$、质点位移 $\xi(t)$、质点振动加速度 $a(t)$ 等，$p(t)$ 是标量，其他是矢量。振速矢量 $V(t)$ 在空间坐标系中又有三个方向分量 $V_x(t), V_y(t), V_z(t)$，所以为完整地获得水下声信号特征，应该同时测量声场中某一点的四个分量：声压 $p(t)$ 和介质质点振速矢量 $V(t)$ 的三个正交分量 $V_x(t), V_y(t), V_z(t)$。本章以水下声信号的获取为出发点，介绍与介质质点振速相关的物理基础、测量原理，着重介绍与获取水声信号相关的传感器。

4.1　水下声压信号的获取

　　声场中的声压是一个标量，因此必须采用对称式的、小于声波波长的传感器来对其进行检测，以消除声衍射及声影区的影响。

　　声压换能器的谐振频率应该位于工作频带外，这样可以降低其频率特性的不均匀性，并保证工作频带内声波相位信息的正确性。

　　根据用途和工作条件的不同，实验中所使用的声压接收器结构和尺寸均有所不同。在水声中，最广泛使用的声压接收器，其敏感元件多制成复合棒、圆柱形、平板形或球形，一般采用压电陶瓷材料（也有磁致伸缩材料）。

　　为了增大水声测量的精度以及为提高灵敏度、温度及静水压变化时工作的稳定性（通常容许偏差不大于 $\pm1\text{dB}$），保证灵敏度与声波入射频率和方向无关，经常采用性能极其稳定的压电陶瓷将声压接收器换能器制作成空心球壳结构。

　　声压接收器也可利用光纤换能器制成，幅度调制时，在 $100\sim1000\text{Hz}$ 范围，基于声光转换的光纤换能器阈值，相对于 $20\mu\text{Pa}$，通常在 $26\sim75\text{dB}$。

　　应用相位调制的声光换能器，在某些情况下可以将本身的阈值降低到-20dB[1]。但这种换能器的抗干扰能力较弱，容易受到由机械振动而引起相位差寄生扰动的影响，以及光介质中温度、压力起伏的影响，即声接收器的实际阈值仍然很高。

　　极化调制的声接收器与基于幅度调制和相位调制的光纤声接收器不同，它的接收优化条件比较宽松，具有更高的温度稳定性和相对简单的结构，且成本较低。利用组合调制式声光换能器为构建阈值为 $46\sim50\text{dB}$（相对于 $2\times10^{-5}\text{Pa}$）的声压接收器提供了可能性。但是，已有的关于光纤声接收器动态特性的实验数据还不能解决构建宽带声光换能器的问题[2]。

下面讨论小尺寸球形压电陶瓷声压接收器。声压接收器的压电陶瓷敏感元件为径向极化的、半径为 a、厚度 $d \ll a$ 的球壳，介电损耗角正切为 $\tan\delta_D$ 和机械损耗角正切为 $\tan\delta_M$。

为了得到球形接收器的灵敏度 η_l，我们假定当球的半径 a 具有微小形变 r 时，声压接收器输出端有电压输出，然后利用传感器振动方程，确定 η_M 和灵敏度 $G_P = G_x$。

分析一下球形水听器的零阶径向振动。由于 d 较小，径向应力 $\sigma_{rr} = 0$。在球坐标系中考虑应变张量分量 U_{ij} 与应力 σ_{ij} 之间的关系，当电场感应强度 $D = 0$ 时，通过球对称，有

$$\sigma_{\theta\theta} = \sigma_{\varphi\varphi} = 1/(s_{11}^D(1-\mu)) \cdot (r/a) \qquad (4\text{-}1)$$

$$E = -2L_D(r/a) \qquad (4\text{-}2)$$

式中，E 和 D 分别为电场强度和电场感应强度；$L_D = h_{13} + h_{33}\, s_{13}^D\, \mu/(s_{13}^D(1-\mu))$，$\mu = s_{12}^D/s_{11}^D$，$s_{ij}^D$ 是 D 为常数时压电陶瓷弹性柔性张量的分量，h_{ij} 表示压电常数。

在式（4-2）的基础上，声压接收器输出端开路电压可以写为

$$U \equiv U\big|_{D=0} = Ed = -2L_D\, d\,(r/a) \qquad (4\text{-}3)$$

考虑介质的作用，压电球体的运动方程为

$$\frac{d^2 r}{dt^2}\rho_\kappa Sd + \left(\rho cS\frac{(ka)^2 + jka}{1+(ka)^2} + \frac{8\pi d\,\tan\delta_M}{\omega s_{11}^D(1-\mu)} + \frac{\tan\delta_D}{\omega}\right)\frac{dr}{dt} + \frac{8\pi d}{s_{11}^D(1-\mu)}r = PS \qquad (4\text{-}4)$$

式中，P 表示声压接收器处的平均声压；S 表示它的表面积；ρ_κ 表示压电陶瓷密度。

由方程（4-4）可知，换能器的谐振频率为

$$\omega_0^2 = 2/(s_{11}^D(1-\mu)\,\rho_\kappa a^2)$$

当 $\omega \ll \omega_0$ 时，声压接收器的灵敏度与频率无关，可写为

$$G_P \approx s_{11}^D(1-\mu)\,a\,L_D \qquad (4\text{-}5)$$

对于 PZT 型压电陶瓷的水听器，当 $a = 2\text{cm}$ 时，灵敏度为 200～250μV/Pa。

为此，评价这种接收器的阈值不用考虑前置放大器的噪声，并利用与 r 和 U 有关的方程（4-3），此时，对于 U_ω^2 有 $U_\omega^2 = U_{\omega 1}^2 + U_{\omega 2}^2$，其中，当 $\omega \ll \omega_0$ 时，有

$$\begin{cases} U_{\omega 1}^2 = 4k_B T \tan\delta_D/(\omega C) \\ U_{\omega 2}^2 = 4k_B T \tan\delta_M\, s_{11}^D(1-\mu)\,d\,L_D/(2\pi\omega a^2) \end{cases} \qquad (4\text{-}6)$$

式中，k_B 表示玻尔兹曼常数；$C = 4\pi\varepsilon_0\varepsilon_{33}^S a^2/d$ 表示换能器电容量，ε_{33}^S 表示常应变时相对介电常数的张量常数。灵敏度 G 可写为式（4-5）的形式。

4.2　水下质点振速的测量原理

利用将尺寸小于波长的声接收器置于介质测量点处，且该接收器的密度与介质密度相同，可以直接测量介质质点的振动，此时接收器将以介质质点的速度运动，并将这种运动信号转换为电信号[3]，这是一般地获取介质质点振速的方法。

通常，水下声场中的质点振速可以利用惯性水听器或梯度水听器来测量，典型的惯性水听器工作原理是将一个动圈式或压电式加速度计灌装在一个小刚性物体内，记录物体运动引起的输出电压[4-10]。该原理是建立在非黏性流体介质中自由运动刚性球体在平面声波作用下的响应。分析结果表明，如果球体的尺寸远小于声波的波长，则它的振速幅值与水质点振速幅值具有如下关系[3, 11]：

$$\frac{V_s}{V_0} = \frac{3\rho_0}{2\rho_s + \rho_0} \tag{4-7}$$

式中，V_s 是球体的振速幅值；V_0 是声波的振速幅值（如声质点振速）；ρ_0 是流体介质的密度；ρ_s 是球体的密度。由式（4-7）可得正浮力球体响应幅值比声波的大，中性浮力球体响应幅值与声波的相等，负浮力球体响应幅值比声波的小；另外，由于球体处于自由状态，没有恢复力，因此球体的相位是与声波相同的。这表明中性浮力球同介质一起在声波的作用下共同运动并且与声波一致，这就是水下测量声质点振速的基础。

取坐标系的原点和刚性球的球心重合，并取 x 轴与入射平面波的传播方向一致，设刚性球的半径为 a，如图 4.1 所示。

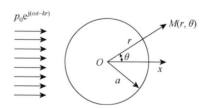

图 4.1　球和入射平面波的坐标关系示意图

取入射平面波声压为

$$p_i = p_0 \mathrm{e}^{\mathrm{j}\omega t} \sum_{n=0}^{\infty} (-\mathrm{j})^n (2n+1) \mathrm{j}_n(kr) \mathrm{P}_n(\cos\theta) \tag{4-8}$$

式中，p_0 为单频入射平面波场中声压的幅值；$\mathrm{j}_n(x)$ 为球贝塞尔函数；$\mathrm{P}_n(\cos\theta)$ 为

勒让德函数；$k = \omega / c$ 为入射声波的波数，ω 为入射声波的角频率，c 为水介质中的声速。

刚性球体的散射波声压为

$$p_s = \mathrm{e}^{\mathrm{j}\omega t} \sum_{n=0}^{\infty} a_n \mathrm{h}_n^{(2)}(kr)\mathrm{P}_n(\cos\theta) \tag{4-9}$$

式中，a_n 为待定常数；$\mathrm{h}_n^{(2)}(x) = \mathrm{j}_n(x) - \mathrm{j}\mathrm{n}_n(x)$ 为第二类球汉克尔函数，$\mathrm{n}_n(x)$ 为球诺依曼函数。

假设刚性球体在平面波场作用下在原点沿 x 轴方向做微幅振动，球体的振动速度为 $v_x(t) = V_x \mathrm{e}^{\mathrm{j}\omega t}$，此时可将自由振动的球体视为摆动球。则根据球面上法向质点振速连续条件，可求得声场中声压为

$$p = \frac{\rho_0 c V_x \mathrm{e}^{\mathrm{j}(\omega t + \delta_1(x_0))}}{D_1(x_0)} \mathrm{h}_1^{(2)}(x)\mathrm{P}_1(\cos\theta)$$

$$+ p_0 \mathrm{e}^{\mathrm{j}\omega t} \sum_{n=0}^{\infty} (-\mathrm{j})^n (2n+1)(\mathrm{j}_n(x) + \mathrm{j}\sin\delta_n(x_0) \mathrm{e}^{\mathrm{j}\delta_n(x_0)} \mathrm{h}_n^{(2)}(x))\mathrm{P}_n(\cos\theta) \tag{4-10}$$

式中，$x = kr$；$x_0 = ka$；$D_n(x)$ 和 $\delta_n(x)$ 可由下面关系式求得：

$$-\mathrm{j}D_n(x)\mathrm{e}^{-\mathrm{j}\delta_n(x)} = \frac{\mathrm{d}}{\mathrm{d}z}(\mathrm{h}_n^{(2)}(x)) \tag{4-11}$$

假设入射平面波场在球心处水质点的振动速度 $v_0 = V_0 \mathrm{e}^{\mathrm{j}\omega t} = (p_0 / \rho_0 c)\mathrm{e}^{\mathrm{j}\omega t}$，则由牛顿第二定律可以求得

$$\frac{V_x}{V_0} = \frac{3}{\left(1 + \dfrac{2\rho_s}{\rho_0}\right) - \dfrac{\rho_s}{\rho_0}x_0^2 + \mathrm{j}\left(1 + \dfrac{2\rho_s}{\rho_0}\right)x_0} \mathrm{e}^{\mathrm{j}x_0}$$

$$= \frac{3}{\left(\left(1 + \dfrac{2\rho_s}{\rho_0}\right)^2 + \left(1 + \dfrac{2\rho_s}{\rho_0}\right)x_0^2 + \left(\dfrac{\rho_s}{\rho_0}\right)^2 x_0^4\right)^{\frac{1}{2}}} \mathrm{e}^{-\mathrm{j}\psi} \tag{4-12}$$

式中，ρ_0 是流体介质的密度；ρ_s 是球体的密度。而

$$\psi = -x_0 + \arctan \frac{\left(1 + \dfrac{2\rho_s}{\rho_0}\right)x_0}{1 + \dfrac{2\rho_s}{\rho_0} - \dfrac{\rho_s}{\rho_0}x_0^2} \tag{4-13}$$

当 $ka \ll 1$ 时，由式（4-12）可得在非黏性流体介质中自由运动的刚性球体的振速幅值与水质点振速幅值之间的关系式（4-7）。

由上述理论分析可知，刚性球体的振动速度与入射声波的频率、球体的密度和直径有关。根据式（4-12），可计算得到在非黏性流体介质中自由运动刚性球体的振速与水质点的振速的关系曲线，见图 4.2。由计算曲线可知：随着 ka 的增大，球体的振速幅值减小，而相移增大；随着密度比 ρ_s/ρ_0 的增大，球体的振速幅值和相移均减小。因此，在球形惯性水听器的设计中，考虑水听器的直径、密度以及工作频率的同时，也要兼顾水听器的相频特性和幅频特性（主要是控制相位和幅度的起伏大小）。

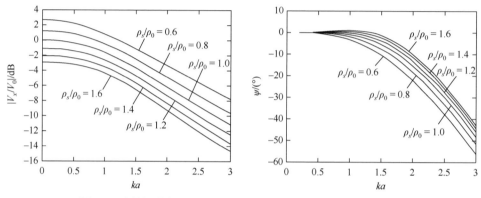

图 4.2　球体振速与水质点振速比值的幅值和相位随 ka 变化曲线

为了进一步说明上述问题，表 4.1 给出了不同频率 ka 情况下 V_x/V_0 与 $ka=0$ 时的 V_x/V_0 两者比值的幅值变化 $\Delta(V_x/V_0)$ 和相位变化。由表 4.1 可知，当 $ka\leqslant 1$ 时，随着密度比 ρ_s/ρ_0 的增加，V_x/V_0 的幅值变化在减小；当 $ka\geqslant 2$ 时，随着密度比 ρ_s/ρ_0 的增加，V_x/V_0 的幅值变化在增大。因此，在水听器相移要求确定的前提下，在一定频率范围内可以通过调整密度比 ρ_s/ρ_0 来适当地拓宽水听器的工作频率，但会降低水听器的灵敏度，因此，在水听器设计时要综合考虑上述各因素的影响。

表 4.1　密度比 ρ_s/ρ_0 和无量纲频率 ka 对振速比值 V_x/V_0 的影响

$\dfrac{\rho_s}{\rho_0}$	$\Delta\left(\dfrac{V_x}{V_0}\right)$	ka					
		0.5	1.0	1.5	2.0	2.5	3.0
0.6	幅值/dB	−0.49	−1.84	−3.80	−6.03	−8.29	−10.46
	相位/(°)	−0.43	−3.32	−10.39	−21.99	−37.50	−56.02
0.8	幅值/dB	−0.42	−1.70	−3.70	−6.08	−8.51	−10.84
	相位/(°)	−0.21	−1.99	−7.54	−18.01	−32.97	−51.36
1.0	幅值/dB	−0.38	−1.60	−3.64	−6.14	−8.71	−11.14
	相位/(°)	−0.04	−0.99	−5.41	−15.13	−28.1	−48.20

$\dfrac{\rho_s}{\rho_0}$	$\Delta\left(\dfrac{V_x}{V_0}\right)$	ka					
		0.5	1.0	1.5	2.0	2.5	3.0
1.2	幅值/dB	−0.34	−1.52	−3.60	−6.20	−8.87	−11.38
	相位/(°)	0.09	−0.20	−3.76	−12.96	−27.49	−45.93
1.4	幅值/dB	−0.31	−1.46	−3.13	−6.26	−11.2	−11.57
	相位/(°)	0.19	0.43	−2.45	−11.27	−25.72	−44.22
1.6	幅值/dB	−0.29	−1.41	−3.56	−6.31	−12	−11.73
	相位/(°)	0.28	0.94	−1.38	−10	−24.32	−42.90

综上所述，在同振球形矢量水听器设计时，水听器几何尺寸和平均密度选取直接影响其频响特性和灵敏度，具体影响如下：

（1）水听器的直径控制着其上限工作频率，而水听器的密度对其上限工作频率也具有一定的调控作用，尤其是高频水听器设计，这种影响较为明显。

（2）在水听器设计的工作频率范围内，其密度对测量质点振速的相位影响较小。例如，当水听器测量的振速与水质点振速比值下降小于 3dB 时，水听器测量振速的相移小于 5.2°。

（3）水听器密度控制着其测量振速的幅值，即影响水听器灵敏度的大小。例如，当水听器的密度比 ρ_s/ρ_0 由 1.0 变到 1.6 时，水听器测量振速与水质点振速比值下降约 3dB。

显然，这些结果对于设计者来说都是很有意义的。

4.3　矢量水听器的基本参数

矢量水听器作为水听器的一种，表征水听器的基本参数，如灵敏度、指向性、工作频带和相移特性等，对矢量水听器也均是适用的，但由于矢量水听器的特殊性，表征其性能的参数也有其特殊性。矢量水听器的基本参数包括：各通道的指向性；各通道的灵敏度；x、y、z 通道之间的相位差特性。理想情况下，矢量水听器的三个正交通道的特性应该是完全相同的。每一个正交通道都有一个自由度，并且分别具有沿 x、y、z 轴方向测量的功能。下面给出表征每一个正交通道的特性参数。

1. 指向性

理论上，在矢量水听器几何尺寸远小于声波波长时指向性与频率无关，这就是通常所说的矢量水听器有与声波频率无关的指向性图。一般情况下，波尺寸很小的矢量水听器就能得到"8"字形指向性图，理想情况下的指向性如图 4.3 所示。

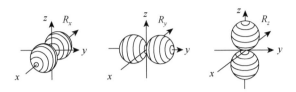

图 4.3　理想的矢量水听器指向性图（R_x、R_y、R_z）

在实际工作中，由于制作工艺和材料的不均匀性，总是不能得到理想的"8"字形指向性图，所以通常采用以下参数来评价矢量水听器指向性图的优劣。

（1）分辨力（k_d）：轴向（0°或180°方向）灵敏度 G_0（即灵敏度最大值）与 ±90°方向上灵敏度 $G_{\pm90}$ 的比值，用分贝表示为

$$k_d = 20\lg \frac{G_0}{G_{\pm90}} (\mathrm{dB}) \tag{4-14}$$

（2）指向性图与余弦指向性图的偏差（Δ）：在 ±45°方向上灵敏度 $G_{\pm45}$ 与轴向灵敏度 G_0 的比值，用分贝表示为

$$\Delta = 20\lg \frac{\sqrt{2}G_{\pm45}}{G_0} (\mathrm{dB}) \tag{4-15}$$

（3）轴向灵敏度不对称性（$K_{\Delta\max}$）：在 0°方向上灵敏度与在 180°方向上灵敏度 G_{180} 的比值，用分贝表示为

$$K_{\Delta\max} = 20\lg \frac{G_0}{G_{180}} (\mathrm{dB}) \tag{4-16}$$

（4）灵敏度最小值的不对称性（$K_{\Delta\min}$）：在 +90°方向上和–90°方向上灵敏度的比值，用分贝表示为

$$K_{\Delta\min} = 20\lg \frac{G_{+90}}{G_{-90}} (\mathrm{dB}) \tag{4-17}$$

（5）矢量水听器各矢量通道之间的相位差（$\Delta\varphi_{i,j}$）：用来表征二维或三维矢量水听器，其中 i 和 j 表示矢量水听器的 x、y、z 通道中的任意两个通道。

（6）矢量通道和声压通道之间的相位差（$\Delta\varphi_{pi}$）：用于组合式矢量水听器，其中，p 表示声压通道；i 表示矢量水听器的 x、y、z 通道中的一个通道。

2. 通道灵敏度

矢量水听器的输出电压正比于它所在处的介质质点振速（或加速度、或位移）矢量，矢量水听器除了对声场中的矢量信号和声压梯度有响应外，还对它所在处的声压有响应，可用声压灵敏度来表示。

设平面波声场中声波沿着 x 方向传播，声场中某点 x 处在 t 时刻的声压 $P(x, t)$ 可以表示为

$$P(x,t) = P_0 e^{j(\omega t - kx)} \tag{4-18}$$

式中，P_0 为声压的幅值；$k = \omega/c$，c 为声速。

声压梯度 ∇P 为

$$\nabla P = \frac{\mathrm{d}P(x,t)}{\mathrm{d}x} = j\frac{\omega}{c} P_0 e^{j(\omega t - kx)} \mathrm{d}t = j\frac{\omega}{c} P(x,t) \tag{4-19}$$

振速 $V(x, t)$ 为

$$V(x,t) = -\frac{1}{\rho} \int \nabla P \mathrm{d}t = \frac{1}{\rho} \int jk P_0 e^{j(\omega t - kx)} \mathrm{d}t = \frac{1}{\rho c} P_0 e^{j(\omega t - kx)} = \frac{1}{\rho c} P(x,t) \tag{4-20}$$

加速度 $a(x, t)$ 为

$$a(x,t) = \frac{\mathrm{d}V(x,t)}{\mathrm{d}x} = \frac{j\omega}{\rho c} P_0 e^{j(\omega t - kx)} = \frac{j\omega}{\rho c} P(x,t) = j\omega V(x,t) = \frac{1}{\rho} \nabla P \tag{4-21}$$

因此，当已知质点振动加速度时，就可以求得质点速度，实际应用时常采用这种方法来获得质点振速。矢量水听器的声压灵敏度 M_p、振速灵敏度 M_V、加速度灵敏度 M_a、位移灵敏度 M_ξ 之间的关系为

$$M_p = \frac{1}{\rho c} M_V = \frac{\omega}{\rho c} M_a = \frac{1}{\omega \rho c} M_\xi \tag{4-22}$$

由式（4-22）可以看出，矢量水听器的振速灵敏度是它的声压灵敏度与平面波声场的特性阻抗的乘积，所以两者具有相同形状的频率响应曲线，而矢量水听器的加速度灵敏度和位移灵敏度与频率有关。

若式（4-22）中的灵敏度 M_p、M_V、M_a、M_ξ 用分贝来表示，就可得到矢量水听器的灵敏度级，它们定性的灵敏度曲线见图 4.4。

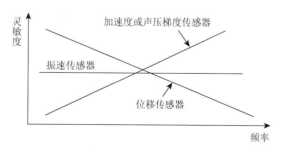

图 4.4　矢量水听器定性灵敏度的不同表示方法

4.4　复合式矢量水听器

复合式矢量水听器可以用来拾取声场中一点的参数，其原理框图如图 4.5 所示。

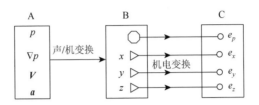

图 4.5　复合式矢量水听器原理框图

图 4.5 中单元 A 为声场，包含有声压 p、声压梯度 ∇p、振速 V 和振动加速度 a；单元 B 为参数的机械接收系统；单元 C 为接收器的电参量变换部分，其中的 e_p、e_x、e_y、e_z 分别为声压标量、矢量的三个正交分量变换后的电信号。声场的这些参数作为声能的载体与单元 1 相连。单元 2 是复合式矢量水听器的机械振动系统，与声波相互作用。它可以采用能接收矢量信号（如声压梯度 ∇p、振动加速度 a 等）的传感器组成。单元 C 包含与机械振动系统有关的机电变换元件，它与单元 B 兼容并可以合为一个整体。

记录介质质点相对于其平衡位置的振动，要求作为机械装置的矢量水听器能够重复介质粒子的振动，并将其转换为电信号。显然，这可以通过两个途径来实现（图 4.6）：接收器本身随介质粒子一起作为一个整体产生振动，然后将振动信号转换成电信号；或矢量水听器的敏感元件在振动粒子的作用下产生位移，并由该敏感元件将振动信号转换成电信号。

针对第一种情况［图 4.6（a）］，作为一个整体的矢量水听器，其振动（图中虚线）被置于其内部的振动传感器（加速度传感器）变换为电信号，振动传感器可以是压电式、电动式或其他类型的传感器，我们把这样的矢量水听器称为同振式（惯性式）矢量水听器。位于接收器壳体内部的传感器敏感元件的形变是由传感器的惯性力引起的，而不是由声场直接作用在接收器上的力引起的。

针对第二种情况［图 4.6（b）］，从声场来的力直接作用在矢量水听器内部的换能器上，并引起换能器敏感元件的形变。这种矢量水听器被称为不动外壳式（力式）矢量水听器。

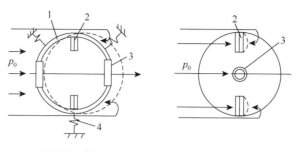

(a) 同振式（惯性式）　　　　　　　　(b) 不动外壳式（力式）

1-外壳；2-振动传感器；3-声压换能器；4-弹性连接

图 4.6　复合式矢量水听器结构简图

复合式矢量水听器测量声场的矢量信息（矢量的模和方向），通常要求调整复合式矢量水听器的最大接收方向与波到达的方向一致，或直接测量矢量场的三个正交分量。根据复合式矢量水听器接收的矢量分量数量，可以将接收器分为一维、二维、三维矢量水听器。矢量水听器应该最大限度地拾取声场能量，而且不产生反射。

从上面的分析可以看出，同振式和不动外壳式矢量水听器与声场的相互作用是不同的。

同振式矢量水听器作为一个整体应满足灵活性和机动性的要求，在声波传播时还应具有"跟踪"介质质点振动的能力。而对于不动外壳式矢量水听器，必须在波的传播途径上创建以产生力为前提的最大"阻碍"，该力从声场方面作用在这个"阻碍"上。

同振式矢量水听器与声场相互作用的特点可以通过研究浸在液体中的、处于声波作用下的理想刚性球体或短圆柱来完成。

复合式矢量水听器由声压梯度水听器和声压水听器组成。声压梯度水听器（或称振速水听器）是用来测量水下声场矢量（声压梯度和质点振速）的声接收换能器，也就是矢量水听器。矢量水听器是复合式矢量水听器的核心部分，因此，复合式矢量水听器的分类也以矢量水听器的分类为基准。

矢量水听器按其所测量的物理量来划分，可分为声压梯度水听器、位移水听器、振速水听器、加速度水听器。由于声压梯度、位移、振速及加速度之间存在着确定的关系，知道其中之一的物理量就可以知道其余的量。

按矢量水听器测量物理量的空间响应可分为一维、二维和三维矢量水听器。

组成矢量水听器的传感器，按工作原理有压电式、电容（静电）式、电动（感应）式、电磁式、磁致伸缩式和光纤式等。

从测量原理上，矢量水听器也可分为压差式和同振式两种类型。

　　压差式矢量水听器多是利用空间两点处声压的有限差分的原理来近似得到声压梯度，这可以通过反相串、并联的线路连接在传感器内部实现，而声压梯度与介质质点的加速度之间的关系前面已多次介绍，通过这些计算间接得到介质质点振动信息。同振式矢量水听器是将惯性传感器（如加速度计等）对振动敏感的传感器安装在刚性几何体中，当有声波作用时，刚性体会随流体介质质点同步振动，其内部的振动传感器拾取相应的声质点运动信息，因此称为同振式矢量水听器。和压差式矢量水听器不同的是，同振式矢量水听器直接获取的是矢量信号，这两类矢量水听器的工作机理存在差异，因此相应的性能参数也明显不同。根据所测量的振动分量数目的不同，矢量水听器可以分为一维、二维和三维。根据换能器的能量转换原理，矢量水听器可以分为压电式、动圈式、电容式、光纤式等。

4.4.1　压差式矢量水听器

　　压差式矢量水听器的特点是，从声场方面来的力直接作用在变换元件上。图4.7给出的是多通道矢量水听器，内部的平板式声压梯度水听器［图4.7（b）中1］相对于中心在三个正交方向上对称分布，其机械振荡系统是由双迭片式压电敏感元件及惯性元件组成，图4.7（b）中的2为声压水听器，3为外壳。图4.8给出了双迭片的长方形平板换能器的连接方式，惯性元件的质量必须比双迭片的质量重，这样，对于入射波来说，它的机械阻抗将远大于双迭片元件的机械阻抗。

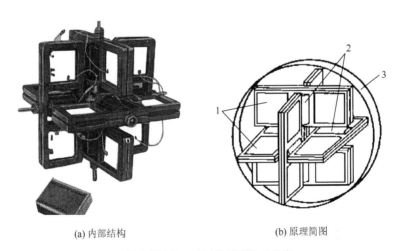

(a) 内部结构　　　　　　　　　　　　(b) 原理简图

1-压电陶瓷迭片；2-压电陶瓷圆管；3-外壳

图4.7　多通道矢量水听器

对于图 4.8 中的双迭片也可采用悬臂梁结构，如图 4.9 所示。

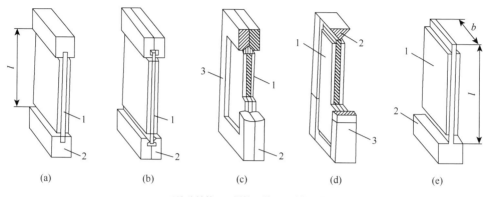

(a)　　　　(b)　　　　(c)　　　　(d)　　　　(e)

1-双迭片结构；2-惯性元件；3-连接板条

图 4.8　平板式换能器的连接方式简图

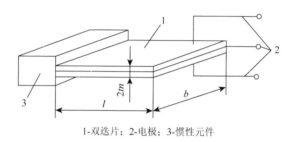

1-双迭片；2-电极；3-惯性元件

图 4.9　悬臂梁结构

　　通过位于声场中的敏感元件直接或间接获得声压信号的差值，再借助欧拉方程计算得到声场的声压梯度，这就是压差式矢量水听器的基本原理。

　　声压梯度水听器的基本功能是记录它所在场中某点沿声波传播方向声压的导数。实际的声压梯度水听器可以按以下原理来实现这一功能。

　　第一，测量声场中两个点的声压差，并除以两点之间的距离。这样，最少需要两只声压水听器（图 4.10），差值信号通过将其输出信号采用并联或串联的方式得到，这实际上是把微分用差分来代替的数学处理。在这个由声压水听器组成的、被称为偶极子的系统中，两只声压水听器之间的距离 d 应不大于 $\lambda/4$。

　　第二，利用一个机械变换系统来记录引起激励振动的压力差，该压力差是由接收器的输入端在声场空间所处位置不同而产生的（图 4.11）。

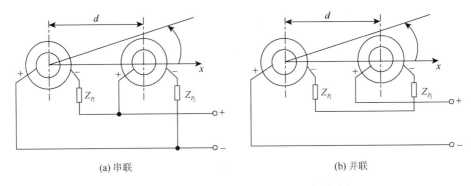

(a) 串联　　　　　　　　　　　　(b) 并联

图 4.10　偶极子压差式矢量水听器原理框图

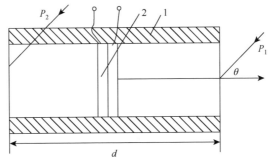

P_1, P_2-声信号输入端；1-硬壁圆筒；2-机电转换系统

图 4.11　对称式压差式矢量水听器简图

这两种压差式矢量水听器具有空间分布的两个声信号输入端，不同点是：第一种情况，信号的差值是在电路中形成的；第二种情况，将置于声场的水听器中的压力差转换为电信号。这样，压差式矢量水听器的原理可用图 4.12 所示的框图来表示[12]。

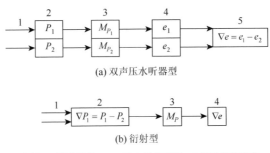

(a) 双声压水听器型

(b) 衍射型

1-声场；2-机电系统；3, 4-机电转换系统；5-信号差的形成

图 4.12　压差式矢量水听器的原理框图

　　在偶极子压差式矢量水听器中［图 4.12（a）］，声场 1 与单元 2 的两个机电系统相互作用，在这两个系统上分别产生力，然后这两个力在单元 4 分别被转换为两个电信号，并在单元 5 形成一个与压差成正比的输出信号。而图 4.12（b）具有一个机电系统 2，当与声场 1 相互作用时，就形成了压力差，这个压力差直接在单元 4 形成一个输出电信号。

　　美国学者在电动换能器的基础上设计制作的振速水听器示意图如图 4.13 所示，这种形式与动圈换能器很相似，只是声压是作用在线圈的两端，其驱动声压是瞬时声压差 Δp_i。美国学者还提出利用间隔小于波长的两个相同传声器的输出电压差和声场中被测点的压力梯度近似成正比这一原理进行了质点速度测量，为声压梯度传感器、声强、声阻抗等方面的研究奠定了基础。美国研制的第一只声压梯度水听器示意图如图 4.14 所示，该水听器是用一个夹在外壳与内部质量块之间的压电陶瓷圆片作为振动敏感元件的[13]。

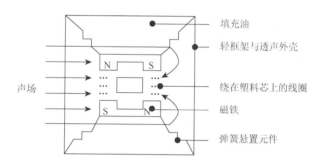

图 4.13　振速水听器示意图

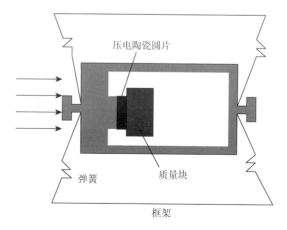

图 4.14　声压梯度水听器示意图

　　另一种压差式矢量水听器的敏感元件的两个面都直接受到声波作用，并发生弯曲形变。它的振动是由两个作用力之差引起的，如图 4.15 所示[14]。这是由一个压电圆片粘接在铍铜合金膜片上，并且周缘用钨环围住。膜片两侧的压力差驱动圆片和膜片做弯曲振动。铜板和陶瓷片具有同样的厚度，并把它们粘在一起形成双迭片元件。压电圆片的输出电压正比于弯曲压力。此弯曲压力 Δp 为

$$\Delta p = \frac{\partial p_i}{\partial x}\Delta x \tag{4-23}$$

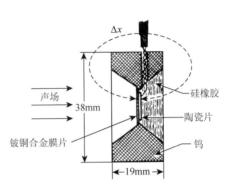

图 4.15　压差式矢量水听器结构简图

4.4.2　同振式矢量水听器

　　水下复合式矢量水听器由声压水听器和质点振速水听器构成，声压水听器完成声场中某点处声压的测量，而质点振速水听器完成声场中某点处质点振速的测量，因此，复合式矢量水听器可以空间共点、同步地测量声场中的声压标量和质点振速矢量[15-18]。

　　在实际工程中，由于声压信号起伏明显，通常都是将多只声压水听器测得的信号进行平均处理后作为声场中某点的声压数值。例如，球形矢量水听器是将若干只声压水听器对称、均匀地布置在球形质点振速水听器周围，那么声压水听器测量的声压平均值便给出质点振速水听器中心处的声压值。具体实现方法有：一种是将声压水听器布置在距质点振速水听器一定距离的空间上，它可以安装在质点振速水听器上［图 4.16（a）］，也可以独立于质点振速水听器之外［图 4.16（b）］，这是低频同振式矢量水听器采用的主要方式；另一种是将压电陶瓷片镶嵌在质点振速水听器的表面上［图 4.16（c）］，这是高频同振式矢量水听器采用的主要方式。

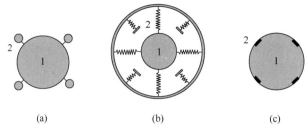

1-质点振速水听器;2-声压水听器

图 4.16 声压水听器与质点振速水听器的布放示意图

由声学理论可知,无论采用上述何种布放方式,质点振速水听器的声散射和二次声辐射均会对声压水听器的测量结果产生影响。因此,需要对质点振速水听器的近场声压散射特性和声压水听器的声波接收特性进行理论研究。对于图 4.16(a)所示的低频矢量水听器,其声压水听器也会对质点振速水听器的测量结果产生影响,但由于声压水听器波尺寸通常比质点振速水听器的波尺寸小一个数量级以上,通常可以忽略声压水听器对质点振速水听器的声散射影响。

对于球形矢量水听器,传统的理论分析基础是以刚性球体为假设前提的,而实际的惯性水听器是将一个动圈式或压电式加速度计灌装在一个弹性球体内,因此需要分析在非黏滞性流体介质中自由运动弹性球体在平面声波作用下的响应,推导它的振速幅值与声波之间的关系。在实际工程使用中,矢量水听器还经常通过悬挂系统被悬挂在大质量框架内或安装平台上,悬挂系统的附加参量会改变原有系统的动力学特性,为了使水听器在测试频带具有良好保真度,需要从理论上进行全面评估。因此,在实际使用中的关键是悬挂系统和平台对测量不产生影响。另外,流体和球体密度以及流体黏滞性对水听器的动力学特性也会产生影响,相关文献对流体黏滞的影响进行了理论分析,分析结果表明,一般在实际水声工程使用中可以忽略流体黏滞性对水听器动力学特性的影响。

20 世纪 40 年代,美国学者研制了直径为 63.5mm、工作频带为 70~7000Hz 的同振球形振速水听器,并申请了美国专利,见图 4.17 右下侧[19]。而图 4.17 中左侧的低频同振球形振速水听器,直径为 127mm、工作频带为 15~700Hz,它以一个密封的刚性金属球作为外壳,对声场的干扰较大,声波散射严重,并且有体积较大、平均密度比水的密度大、不易加工等缺点。它们主要用于研究海底的声学特征。

图 4.17　美国早期研制的振速水听器

　　自 20 世纪 70 年代末 80 年代初，苏联便开始了矢量水听器系统的研究，到 1975 年，苏联已经创立了用于声强测量的仪器、测量方法及测量的理论基础[20, 21]。1983 年，苏联研制出了矢量水听器低噪声目标监测系统，20 世纪 80 年代末期，苏联还成功地将矢量水听器应用于拖线阵中。图 4.18 是苏联研制的基于加速度传感器的三维同振球形矢量水听器，用于对海洋环境噪声测量和声源方位估算的研究。20 世纪 80 年代末～90 年代初，苏联利用矢量水听器声呐浮标系统，先后在日本海、萨哈林岛（库页岛）和堪察加半岛附近海域进行长期使用，并在巴伦支海进行了矢量水听器双基地声呐系统的试验。

图 4.18　苏联的三维同振球形矢量水听器

　　美国学者还研制了一种基于动圈地听器的水下声强探针[22-27]，图 4.19 是水下声强探针的透视图，这种柱形声强探针通过直接测量声场中的声压和质点振速获得声强。该探针利用封装在泡沫中的动圈地听器获得振速，利用安装在外边的一对声压传感器获得声压。这种声强探针在水中是零浮力的，利用金属线、橡胶绳和固定装置相连。实际工程使用中，人们又研制了采用塑料支撑体，可以在水中具有中性浮力的柱形质点振速水听器（图 4.20）。

声压传感器

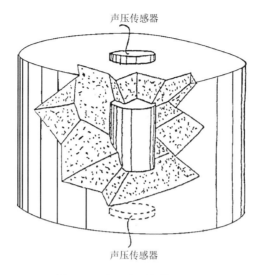

声压传感器

图 4.19　水下声强探针透视图

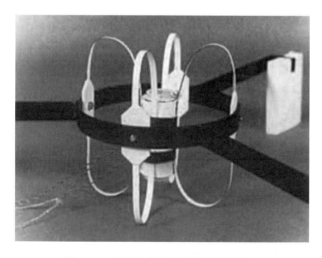

图 4.20　中性浮力柱形质点振速水听器

1998 年，美国又研制出了复合式三维惯性的同振式矢量水听器，如图 4.21 所示，声压水听器是一个中空的压电陶瓷球壳，三对微型加速度计正交放置在压电陶瓷球壳内，用来测量质点振速的三个正交分量。使用时，矢量水听器放置在导流罩内，导流罩和矢量水听器之间利用弹簧柔性连接，使矢量水听器能够随着水质点做自由运动。

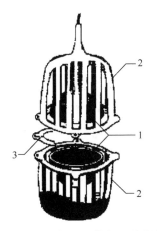

1-压电陶瓷球壳，加速度计置于其中；2-导流罩；3-弹簧

图 4.21　复合式三维惯性的同振式矢量水听器

图 4.22 为美国研制出的一维声强矢量探针[28, 29]。同时研究学者又对矢量水听器的悬挂方式进行了研究，认为采用两点悬挂方式使得水听器在敏感方向保持自由运动，从而限制了水听器的旋转运动，如图 4.23 所示。

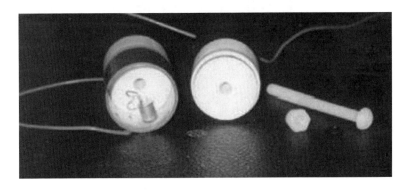

图 4.22　一维声强矢量探针

我国学者研制的第一只同振式低频矢量水听器，内部采用三对压电加速度计测量质点振速的三个正交分量，采用玻璃微珠和环氧树脂封装（图 4.24）。在此基础上，将八只声压水听器对称地复合在矢量水听器表面，研制的高、低频复合式矢量水听器如图 4.25 所示[12]。

图 4.23   声强矢量探针的双线悬挂方式   图 4.24   低频矢量水听器

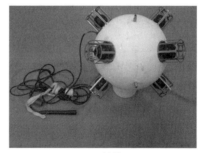

(a) 高频   (b) 低频

图 4.25   复合式矢量水听器

　　为了工程应用方便，我国又研制了图 4.26（a）所示的一体化三维加速度传感器，并得到了图 4.26（b）所示的矢量水听器，该矢量水听器的体积比原来减小一半。

　　根据实际工程需要，矢量水听器也常做成圆柱形的二维结构，图 4.27 为我国研制的二维同振柱形复合式矢量水听器，它们可以用于矢量水听成阵技术的研究。

　　为了将矢量水听器应用于拖线阵，美国研制了用于拖线阵的三维微型矢量水听器，该矢量水听器使用了 PZT-PT 压电单晶体材料，其振速通道由剪切型加速度计构成（图 4.28）。

(a) 一体化三维加速度传感器　　　　　　　　　　　(b) 矢量水听器

图 4.26　体积减小后的三维矢量水听器

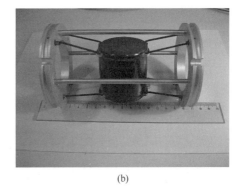

(a)　　　　　　　　　　　　　　　　　　(b)

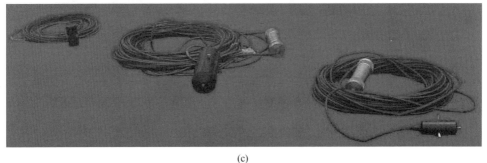

(c)

图 4.27　二维同振柱形复合式矢量水听器

　　综上所述，我们定义复合式矢量水听器的四个通道分别为 p、x、y、z。理想的复合式矢量水听器具有球形指向性。p 通道无指向性，且其灵敏度曲线与频率无关。通道 x、y、z 具有偶极子指向性；通道 p、x、y、z 应有唯一的相位中心，这就要求复合式矢量水听器的重心、几何中心、相位中心应一致。

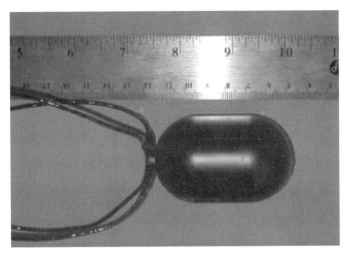

图 4.28　美国用于拖线阵的三维微型矢量水听器

矢量水听器的三个正交通道按笛卡儿坐标轴分布时，球坐标系下的指向性为

$$\begin{cases} R_x = R_0 \sin\theta \cos\varphi \\ R_y = R_0 \sin\theta \cos\varphi \\ R_z = R_0 \cos\theta \end{cases}$$ （4-24）

式中，R_0 表示通道 x、y、z 的偶极子换能器轴向灵敏度；φ 表示由 x 轴起始的方位角；θ 表示由 z 轴起始的极角。

此时，矢量水听器的指向性为一个球：

$$R_x^2 + R_y^2 + R_z^2 = R_0^2$$ （4-25）

此外，将现代的加工工艺技术应用到矢量水听器的研制中，可以达到矢量水听器小型化的目的，这也是目前矢量水听器的发展方向之一。此外，科技工作者已成功研制了电容式矢量水听器、压阻式矢量水听器和光纤式矢量水听器，实现了矢量水听器的结构系列化、功能多元化，可以满足水声测量领域对矢量水听器的不同需求。

4.5　几种常用的传感器

振动传感器是同振式矢量水听器的关键部件，它直接影响到矢量水听器的整体性能。目前，测振传感器的种类很多，按被测量划分，分为加速度、速度和位移传感器；按工作原理可分为压阻式、压电式、电容式、磁电式、光纤式等传感器。本节将着重介绍同振式矢量水听器中较常采用的几种振动传感器。

4.5.1　压电式传感器

压电式传感器的工作原理是以某些物质的压电效应为基础的，这些物质在沿一定方向受到压力或拉力作用而发生变形时，其表面会产生电荷；若将外力去掉，它们又重新回到不带电的状态，这种现象就称为压电效应。而具有这种压电效应的物体称为压电材料或压电元件。

1. 工作原理

图 4.29 为压缩式压电加速度传感器的结构原理图，压电元件一般由多片压电片组成，在压电片的两个金属表面上镀层银，并在银层上焊接输出引线，或在两个压电片之间夹一金属片，引线就焊在金属片上，输出端的另一根引线直接与传感器的基座相连。在压电片上放置一个比重较大的质量块，然后用一硬弹簧或螺栓、螺帽对质量块预加载荷。整个组件装在一个厚基座的金属壳体中，为了隔离试件的任何应变传递到压电元件上去，避免产生假信号输出，一般要加厚基座或选用刚度较大的材料来制造。

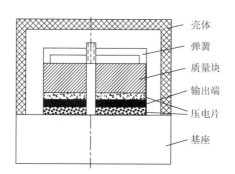

图 4.29　压缩式压电加速度传感器结构原理图

测量时，将传感器基座与试件刚性固定在一起，当传感器感受振动时，由于弹簧的刚度大，而质量块的质量相对较小，可以认为质量块的惯性很小。因此质量块感受与传感器基座相同的振动，并受到与加速度方向相反的惯性力的作用。这样，质量块就有一正比于加速度的交变力作用在压电片上。由于压电片具有压电效应，因此在它的两个表面就产生交变电荷，当振动频率远低于传感器的固有频率时，传感器的输出电荷与作用力成正比，即与试件的加速度成正比。输出电量由传感器输出端引出，输入到前置放大器后就可以用普通的测量仪器测出试件的加速度，如在放大器中加入适当的积分电路，就可以测出试件的振动速度或位移。

2. 灵敏度

传感器的灵敏度有两种表示方法：当它与电荷放大器配合使用时，用电荷灵敏度 S_q 表示；当与电压放大器配合使用时，用电压灵敏度 S_V 表示，表达式如下：

$$S_q = \frac{Q}{a} \tag{4-26}$$

$$S_V = \frac{U_a}{a} \tag{4-27}$$

式中，Q 表示压电式传感器输出电荷量（C）；U_a 表示传感器的开路电压（V）；a 表示被测加速度（m/s^2）。

因为 $U_a = Q/C_a$，所以有

$$S_q = S_V C_a \tag{4-28}$$

式中，C_a 为传感器压电元件的电容（F）。

压电系数为 d_{33} 的压电元件受外力 F 作用后，表面上产生的电荷为 $Q = d_{33}F$，因为传感器质量块（质量为 m）的加速度 a 与作用在质量块上的力 F 有如下关系：

$$F = ma \tag{4-29}$$

这样，压电加速度传感器的电荷灵敏度与电压灵敏度就可以用式（4-30）和式（4-31）表示：

$$S_q = d_{33} \cdot m \tag{4-30}$$

$$S_V = \frac{d_{33} \cdot m}{C_a} \tag{4-31}$$

由式（4-30）和式（4-31）可知，压电加速度传感器的灵敏度与压电材料的压电系数 d_{33} 成正比，也和质量块的质量成正比。为了提高传感器的灵敏度，应当选用压电系数大的压电材料作为压电元件，在一般精度要求的测量中，大多采用以压电陶瓷为敏感元件的传感器。

增加质量块的质量（在一定程度上也就是增加传感器的质量），虽然可以增加传感器的灵敏度，但也不是一个好办法。因为在测量振动加速度时，传感器是安装在试件上的，它是试件的一个附加载荷，相当于增加了试件的质量，势必影响试件的振动，应用到矢量水听器时影响更大。另外，增加质量对传感器的高频响应也是不利的，还可以用增加压电片的数量和采用合理的连接方法来提高灵敏度。

3. 频率特性

图 4.29 所示的压电加速度传感器可以简化成集中质量 m、集中弹簧 K 和阻尼器 C 组成的二阶单自由度系统（图 4.30），因此，当传感器受振动体的加速度时，可以列出下列运动方程式：

$$m\frac{\mathrm{d}^2 x_m}{\mathrm{d}t^2} + C\frac{\mathrm{d}x_m}{\mathrm{d}t} + Kx_m = C\frac{\mathrm{d}x_m}{\mathrm{d}t} + Kx \tag{4-32}$$

式中，x 表示运动体的绝对位移；x_m 表示质量块的绝对位移。

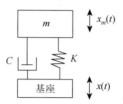

图 4.30　压电加速度传感器简化模型

由方程（4-32）可求得压电加速度传感器的幅频特性与相频特性，分别为

$$\left|\frac{x_m - x}{x}\right| = \frac{\left(\dfrac{1}{\omega_n}\right)^2}{\sqrt{\left(1-\left(\dfrac{\omega}{\omega_n}\right)^2\right)^2 + \left(2\xi\left(\dfrac{\omega}{\omega_n}\right)\right)^2}} \tag{4-33}$$

$$\phi = -\arctan\frac{2\xi\left(\dfrac{\omega}{\omega_n}\right)}{1-\left(\dfrac{\omega}{\omega_n}\right)^2} \tag{4-34}$$

式中，ω 表示振动角频率；ω_n 表示传感器固有频率；ξ 表示阻尼比。

因为质量块与振动体之间的相对位移 x_m-x 就等于压电元件受到作用力后产生的变形量，因此，在压电元件的线性弹性范围内，有

$$F = k_y(x_m - x) \tag{4-35}$$

式中，F 表示作用在压电元件上的力；k_y 表示压电元件的弹性系数。

由于压电片表面产生的电荷量与作用力成正比，因此

$$Q = dk_y(x_m - x) \tag{4-36}$$

将式（4-36）代入式（4-33）后，得到压电加速度传感器灵敏度与频率的关系式，即

$$\frac{Q}{x} = \frac{\dfrac{dk_y}{\omega_n^2}}{\sqrt{\left(1-\left(\dfrac{\omega}{\omega_n}\right)^2\right)^2 + \left(2\xi\left(\dfrac{\omega}{\omega_n}\right)\right)^2}} \tag{4-37}$$

式（4-37）所表示的频响曲线为二阶特性，取相对值时压电加速度传感器的频率特性如图 4.31 所示。

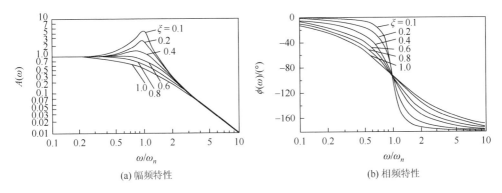

(a) 幅频特性　　　　　　　　　　　　　　(b) 相频特性

图 4.31　压电加速度传感器的频率特性

由图 4.31 可见，在 ω/ω_n 相当小的范围内，有

$$\frac{Q}{x} \approx \frac{k_y d}{\omega_n^2} \qquad (4\text{-}38)$$

由式（4-38）可知，当传感器的固有频率远大于振动体的振动频率时，传感器的灵敏度 $S_q = Q/x$ 近似为一常数。从频响特性也可以清楚看到，在这一频率范围内，灵敏度基本上不随频率而变化。这一频率范围就是传感器的理想工作范围。

这里要指出的是，测量频率的上限不能取得和传感器的固有频率一样高，这是因为在共振区附近灵敏度将随频率的增加而急剧增大（图 4.31），传感器的输出电量就不再与输入机械量（如加速度）保持正比关系，传感器的输出就会随频率而变化。另外，由于在共振区附近工作，传感器的灵敏度往往比出厂时的校正灵敏度高很多，因此，如果不进行灵敏度修正，将会造成很大的测量误差。

为此，实际测量的振动频率上限一般只取传感器固有频率的 20%～30%，也就是说工作在频响特性的平直段。在这一范围内，传感器的灵敏度基本上不随频率而变化。

4. 压电式传感器的误差

除频率误差外，压电式传感器还存在其他因素引起的误差。

（1）横向灵敏度和它引起的误差。压电加速度传感器主轴方向的灵敏度称为纵向灵敏度或主轴灵敏度。若在与主轴方向正交的加速度作用下传感器也产生电信号输出，则此输出信号与横向作用的加速度之比称为传感器的横向灵敏度，通常以主轴灵敏度的百分数表示。横向灵敏度是加工和装配工艺误差造成的。

（2）环境影响。环境温度、湿度的变化会引起压电元件的压电常数、介电系数以及电阻率的变化，因而传感器的灵敏度也将发生变化。此外，周围存在的磁场和声场也会使传感器产生误差输出，因此应根据传感器的具体工作环境及对测量误差提出的要求选择传感器类型以及采取相应的隔离、屏蔽保护措施。

（3）电缆噪声。压电式传感器的信号电缆一般多采用小型同轴电缆，当它受到突然的拉动或振动时，电缆自身会产生噪声，由于压电式传感器是容性的，所以在低频（20Hz 以下）时，内阻抗极高（约上百兆欧姆）。因此电缆里产生的噪声不会很快消失，以致进入放大器被放大，成为一种干扰信号。

4.5.2　光纤式传感器

光纤式传感器根据不同的工作原理可以分为功能型（function fiber，FF）和非功能型（non-function fiber，NFF）。功能型光纤式传感器也称为传感型光纤式传感器，其在传感系统中集传感功能与传输功能于一体；功能型光纤式传感器基于光纤的光调制效应，对输出光波的特性进行测量来实现被测量的检测，根据调制量的不同，功能型光纤式传感器又可细分为强度调制型、相位调制型、偏振态调制型和波长调制型等。非功能型光纤式传感器也称为传输型光纤式传感器，光纤在其中不起传感作用，只起传输光波的作用，光纤将光波传输到敏感元件，由敏感元件对光波进行调制后再耦合到光纤中传输到接收器，进而获得被测参量信息[30, 31]。

传感器所用光纤通常为单模和多模光纤，单模光纤中只能传输一种光波模式，相位调制型和偏振态调制型的功能型光纤式传感器多采用单模光纤。而多模光纤可以传输多种模式，纤芯较粗，具有较大的受光量，可传输的光功率更高，一般非功能型光纤式传感器多采用多模光纤。在实际应用中，为了满足特殊需求，相继出现了保偏光纤、低双折射光纤、高双折射光纤和掺杂不同物质的特种光纤；同时为了提高测量精度，不同种类的光纤如塑料光纤、液芯光纤、空芯光纤、多芯光纤和光子晶体光纤，也被用于传感器的制作，发展前景十分宽广[32]。

1. 强度调制型光纤式传感器

利用外界因素使光纤中传输光的光强发生改变，通过测量光强的变化来测量外界变量的原理称为强度调制。强度调制大致可分为反射式强度调制、透射式强度调制、光模式强度调制、折射率强度调制等。强度调制型光纤式传感器利用的光学原理一般都非常简单，具有简单、可靠、经济的优点[33]。

1）反射式强度调制

反射式强度调制原理如图 4.32 所示，该种传感器为位移传感器。光源发出的光经输入光纤导向被测物体，光波经被测物体反射，一部分光被输出光纤接收，其光强和被测物体表面与光纤间的距离有关。为了辅助分析，将被测物体看成与光纤轴线垂直放置的平面镜，输出光纤接收到的光，可以认为是由被测物体后方输入光纤的虚像发出的，这样更便于分析[34]。

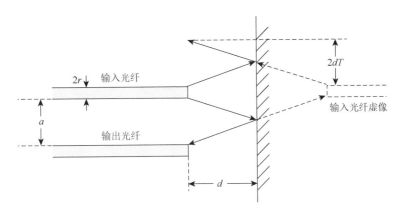

图 4.32　反射式强度调制原理

光纤的集光能力由数值孔径 N_A 决定，同样由光纤发射光束的张角也由数值孔径决定，设纤芯半径为 r，被测物体与光纤的距离为 d，两光纤之间的距离为 a，由图 4.32 中几何关系可知，在光纤处与光纤轴线垂直界面内的反射光斑半径为

$$R = r + 2dT \tag{4-39}$$

式中，$T = \tan(\arcsin N_A)$。当 $R < a + r$ 即 $d < \dfrac{a}{2T}$ 时，没有反射光耦合到输出光纤中；当 $R > a + 3r$ 即 $d > \dfrac{a + 2r}{2T}$ 时，输出光纤与反射光锥底端相交，纤芯全部被光波覆盖，覆盖面积恒为 πr^2，接收光强保持不变。因此待测距离 d 的动态范围为

$$\frac{a}{2T} < d < \frac{a + 2r}{2T} \tag{4-40}$$

只有在此范围内，输出光纤接收到的光功率由反射光锥与光纤端面重叠部分的面积所决定。重叠部分如图 4.33（a）所示，图 4.33（b）为重叠部分放大图，并将光锥与接收光纤相交的边缘用直线近似。

假设光纤射出的光锥内功率密度均匀分布，被测物体表面反射系数为 1，根据图 4.33 中的几何关系，输出光强 P_o 与输入光强 P_i 的关系可以用耦合效率 F 来表示

$$F = \frac{P_o}{P_i} = \alpha \frac{\delta}{r}\left(1 - \frac{r}{2dT}\right) \tag{4-41}$$

式中

$$\delta = (2dT - a)/r \tag{4-42}$$

$$\alpha = \frac{1}{\pi}\left(\arccos\left(1 - \frac{\delta}{r}\right) - \left(1 - \frac{\delta}{r}\right)\sin\left(\arccos\left(1 - \frac{\delta}{r}\right)\right)\right) \tag{4-43}$$

已知阶跃光纤纤芯半径 $r = 100\mu m$，数值孔径 $N_A = 0.5$，光纤间距 $a = 100\mu m$，此时 F 与 d 的关系如图 4.34 所示，最大耦合效率在 B 点获得，此时 $F_{max} = 7.2\%$，$d = 320\mu m$。传感器工作点应选在斜率最大的 A 点处，此时，灵敏度为 $0.005\%/\mu m$，测量范围在 $100\mu m$ 左右。该种结构属于非功能型光纤式传感器，具有非接触、探头小的优点。

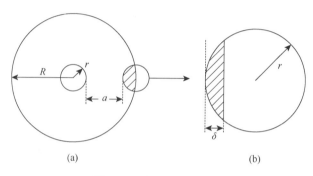

图 4.33　重叠面积示意图

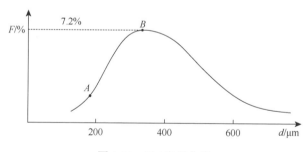

图 4.34　*F-d* 光纤曲线

上述分析中，假设能量分布均匀，而实际上由于折射率的不均匀分布会影响上述结果，被测物体的取向是否与光纤轴线垂直也直接影响工作点的选取，而反射损耗会使传感器的灵敏度降低，在实际测量中需要仔细调节距离和倾角，很难使传感器工作在线性区域内，需要系统定标后才可使用。

2）透射式强度调制

透射式强度调制传感器利用的是发射光纤光纤端光场在空间的分布特性，通过调制光纤的空间位置和方向或空间折射率来调制光强，又称为遮光式[18]，可用来测量位移、压力、温度等。最简单的透射调制方式如图 4.35 所示,发射光纤与接收光纤对准,直接移动接收光纤,使接收光纤只能接收到发射光纤发出的部分光,实现光强的调制。

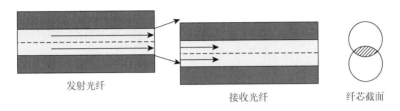

图 4.35　透射式强度调制原理

　　光纤端射出的光束在空间形成光锥,可以在发射光纤和接收光纤之间加入透镜来压缩光场,此种方法看似可以提高接收光强,但在几何光学中,角放大率与横向放大率成反比,从而光场的压缩实际上提高了传感器的灵敏度,但同时是以牺牲量程为代价的,可见灵敏度与量程是相互制约的。在工程应用中可以根据需要进行调整。以下是几种改良结构。

　　如图 4.36 所示,采用双透镜系统使入射光线在从光纤端射出时聚焦,实现光束准直,再聚焦到接收光纤的端面上,遮光板垂直于光路移动,实现强度调制。也可以采用较为简单的结构,将遮光板直接应用于双光纤耦合系统中,如图 4.37 所示,此结构虽然简单,但接收光纤端面只占发射光纤发射出的光锥底面的部分,使光耦合系数减小,灵敏度降低。

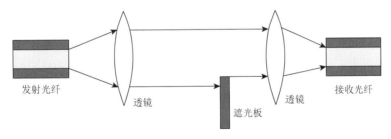

图 4.36　带有透镜和遮光板的透射式强度调制结构

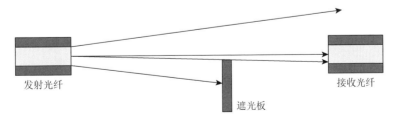

图 4.37　带有遮光板的透射式强度调制结构

图 4.38 所示为利用两个周期结构的光栅遮光板改进的透射式传感器原理图，入射光线通过一对光栅遮光板的透光率从 50%变到 0，在此周期性结构范围内，光的输出光强是周期性的。而且它的分辨力在光栅条纹间距的数量级以内，因此该种结构的传感器具有很高的灵敏度，同时结构很简单，可靠性很高[35]。

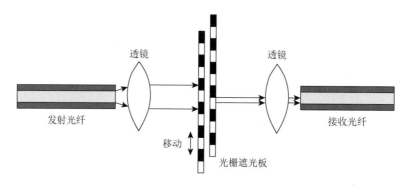

图 4.38　光栅遮光板透射式强度调制原理图

3）光模式强度调制

光模式强度调制是由光纤中光的模式改变引起的强度调制。当光纤空间状况发生变化时，会引起光纤中的模式耦合，纤芯中的一些波导模变为辐射模，引起能量损耗，这就是微弯损耗，通过纤芯中模式能量变化可以对多种变量进行测量，如位移、振动等。光纤微弯传感器示意图如图 4.39 所示，由一根多模光纤夹于微弯调制器中，微弯调制器由两块具有周期性波纹的微弯板组成，当位移调制器上下移动时，光纤微弯的程度发生变化，纤芯中波导模能量也随之变化。

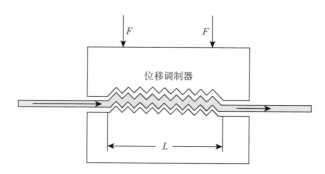

图 4.39　光模式强度调制（微弯损耗）结构

微弯调制器是空间周期为 Λ 的梳状结构，理论分析和实际结果表明，当微弯调制器的波数等于光纤中导模与辐射模传播常数之差时，即

$$\beta - \beta' = \pm \frac{2\pi}{\Lambda} \tag{4-44}$$

光纤中的光损耗最大，β 与 β' 分别为导模和辐射模的传播常数，Λ 为微弯调制器的波长，对于两个相邻模式，传播常数之差 $\delta\beta$ 为

$$\delta\beta = \beta_{m+1} - \beta_m = \left(\frac{\alpha}{\alpha+2} \right)^{\frac{1}{2}} \frac{2\sqrt{\Delta}}{a} \left(\frac{m}{M} \right)^{\frac{\alpha-2}{\alpha+2}} \alpha \tag{4-45}$$

式中，m 为模式序号；M 为总模式数；α 为常数；Δ 为纤芯和包层折射率之差；a 为纤芯的半径。

对于渐变折射率光纤，$\alpha = 2$，则式（4-45）可化简为

$$\delta\beta = \frac{(2\Delta)^{1/2}}{a} \tag{4-46}$$

从式（4-46）可以看出，对于渐变折射率光纤，$\delta\beta$ 与模式序号 m 无关并为一常量，则由式（4-44）得到

$$\beta - \beta' = \pm \frac{2\pi}{\Lambda} = \frac{(2\Delta)^{1/2}}{a} \tag{4-47}$$

满足等式条件的 Λ 称为微弯调制器的最佳波长 Λ_0：

$$\Lambda_0 = \frac{2\pi a}{(2\Delta)^{1/2}} \tag{4-48}$$

对于阶跃折射率光纤，根据式（4-45）有

$$\delta\beta = \frac{(2\Delta)^{1/2}}{a} \frac{m}{M} \tag{4-49}$$

式（4-49）表明模式阶数越高，相邻模式传播常数差越大，因此相应的最佳波长 Λ_0 就越小。

微弯调制器的形状可以做成正弦形也可以做成锯齿形。当微弯调制器的波长 Λ 为任意值时，光纤的形变衰减系数 $F(\Lambda)$ 为

$$F(\Lambda) = a_1^2(\Lambda_0) \frac{L}{4} \left(\sum_{l=1} \left(\frac{\Lambda}{l\Lambda_0} \right)^4 \frac{\sin\left(\left(\frac{1}{\Lambda_0} - \frac{l}{\Lambda} \right) \pi L \right)}{\left(\frac{1}{\Lambda_0} - \frac{l}{\Lambda} \right) \pi L} \right)^2, \quad l = 1, 3, \cdots, \quad l \leqslant \frac{\Lambda}{\Lambda_0} \tag{4-50}$$

式中

$$a_1(\Lambda_0) = \frac{4p\Lambda_0^4}{EIL(2\pi)^4} \tag{4-51}$$

E 为光纤材料的弹性模量；p 为加在微弯调制器上的压力；I 为转动惯量；$L = N\Lambda_0$

为微弯调制器的总长度；N 是微弯调制器的齿数。式（4-51）表明，除在 $\Lambda = \Lambda_0$ 处外，在 $\Lambda = 3\Lambda_0,\ \Lambda = 5\Lambda_0,\ \cdots$ 时，微弯传感器都具有比较高的灵敏度。

光纤微弯传感器属于功能型光纤式传感器，其技术和结构都比较简单，但由于实际光纤的一致性较差，在选取最佳结构时需要通过实验确定[36]。

4）折射率强度调制

由折射率引起的强度调制称为折射率强度调制，它有多种调制方式，如利用折射率的变化、渐逝波耦合度的变化和光纤光强反射系数的变化引起光传输的变化。

基于折射率调制的光纤液体检漏传感器的原理如图 4.40 所示，它是由折射率的变化引起光强反射系数的改变来实现传感的。当光束以小于全反射临界角 θ_c 入射时，液体的折射率在不同液面处的反射率也随之改变。无泄漏时为空气，有泄漏时为待测液体，通过检测反射光强变化确定是否有液体泄漏。同时，不同浓度的相同溶液，折射率往往会有差异，因此该传感器也可以进行溶液浓度的检测。当任意偏振方向的入射光以入射角 $\theta_1 < \theta_2$ 入射到棱镜的下底面时，由菲涅耳公式得到光矢量垂直和平行于入射面的偏振光总和的透射率为

$$T = \frac{n_2 \cos\theta_2}{n_1 \cos\theta_1}\left(\left(\frac{2\sin\theta_2\cos\theta_1}{\sin(\theta_1+\theta_2)\cos(\theta_2-\theta_1)}\right)^2 + \left(\frac{2\sin\theta_2\cos\theta_1}{\sin(\theta_1+\theta_2)}\right)^2\right) \quad (4\text{-}52)$$

式中，n_1 为棱镜折射率；n_2 为液体折射率；θ_1 为入射角；θ_2 为折射角。界面处的反射率可由 $R = 1 - T$ 得到。

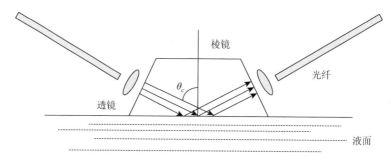

图 4.40　基于折射率调制的光纤液体检漏传感器的原理图

2. 相位调制型光纤式传感器

相位调制型光纤式传感器即干涉型光纤式传感器，其传感原理为将被测量的变化转化为光纤中光波的相位变化，再通过干涉测量技术检测出待测量。相位调制型光纤式传感器具有灵敏度高、应用广泛、灵活多变的优点，根据采用的干涉仪原理不同，可以分为马赫-曾德尔（Mach-Zehnder，M-Z）干涉型、迈克耳孙

（Michelson）干涉型、法布里-珀罗（Fabry-Perot，F-P）干涉型、萨尼亚克（Sagnac）干涉型，此外还有模间干涉型和白光干涉型，这些传感器都具有各自的特点和应用范围[37]。在相位调制中，通常采用光纤的应力-应变效应、温度效应、萨尼亚克效应等，本节对应力-应变效应和温度效应进行讨论，在光纤式传感器中，通常利用这两种物理效应改变光纤中传输光的相位[38]。

3. 偏振态调制型光纤式传感器

偏振态调制是基于弹光效应、磁光效应（法拉第效应）、电光效应（克尔效应）等材料的偏振效应，利用外界因素对光波偏振态的影响来实现传感目的，可以用于应力、应变、电场、电压等物理量的检测[39]。

1）弹光效应

弹光效应又称为光弹效应或压光效应。当介质受到机械应力时其折射率发生变化，原本是光学各向同性的介质变为各向异性，即折射率发生变化，呈现双折射现象。通俗地讲，弹光效应就是压力双折射，将一束入射光分解为两束折射光的现象。

压力材料在受力时，沿受力方向的折射率与其他方向不同，设在受力方向上的偏振光折射率为 n_e，与受力方向垂直的偏光折射率为 n_o，此时折射率的变化与外加压强的关系为

$$\Delta n = n_o - n_e = \kappa p \tag{4-53}$$

式中，κ 为物质常数。若双折射材料的厚度为 L，光波通过后，两偏振光的光程差为

$$\Delta = (n_o - n_e)L = \kappa p L \tag{4-54}$$

相位差为

$$\Delta\phi = \frac{2\pi}{\lambda_0}\Delta = \frac{2\pi\kappa p L}{\lambda_0} \tag{4-55}$$

式中，λ_0 为入射光波长，此时的输出光强为

$$I = I_0 \sin^2\left(\frac{\pi\kappa p L}{\lambda_0}\right) \tag{4-56}$$

材料的弹光效应实际上是应力-应变与折射率的耦合效应，它最适合应用于耦合效率高或弹光效应强的介质如电致伸缩系数较大的透明介质。光纤式传感器及光纤自身的双折射也是客观存在的，对偏振态调制传感器影响很大，严重时可完全淹没人为偏振态调制作用，即使是采用极低双折射的保偏光纤，在弯曲时也将存在弯曲双折射的影响，所以在实际测量中都会考虑到光纤自身的双折射现象。

2）法拉第效应

法拉第效应是一种磁感应旋光性，即在磁场的作用下使在介质中传播的光束的偏振态发生旋转，旋转的角度为

$$\theta = V_d L B \tag{4-57}$$

由式（4-57）可知，旋转角度 θ 与光在物质中通过的距离 L 和磁感应强度 B 成正比，V_d 为物质的 Verdet 常数，且 V_d 有正负之分，即偏振面的旋转方向与外加磁场的方向有关，一般规定光的传播方向与所加磁场方向相同时 V_d 为正，相反时为负。法拉第效应不具有旋光性的互易性，以出射光的偏振角度反方向射入，此时出射光偏振方向比原入射光偏振方向偏转了 2θ。法拉第效应是偏振态调制的基础，可利用该效应制作光纤电流传感器。

3）克尔效应

克尔效应又称二次电光效应，是一种电感应双折射，当线偏振光沿着垂直于电场的方向通过克尔盒时，分解成两束偏振光，一束沿着电场方向的 o 光和一束与电场垂直的 e 光，则

$$\Delta n = n_o - n_e = K\lambda_0 E^2 \tag{4-58}$$

式中，Δn 为折射率变化；n_o 为 o 光折射率；n_e 为 e 光折射率；K 为克尔常数；E 为外电场强度；λ_0 为真空中的波长；Δn 与电场的平方呈正比关系。根据式（4-54），两偏振光的光程差为

$$\Delta = (n_o - n_e)L = K\lambda_0 L(U/d)^2 \tag{4-59}$$

式中，U 为外加电场；d 为电场极间距离；L 为光在克尔盒中的光程长度，由此可得相位差为

$$\Delta\Phi = \frac{2\pi}{\lambda_0}(n_o - n_e)L = 2\pi LK(U/d)^2 \tag{4-60}$$

当起偏器与电场方向成45°且与检偏器正交时，出射光的光强为

$$I = I_0 \sin^2(\Delta\Phi/2) = I_0 \sin^2(\pi LK(U/d)^2) \tag{4-61}$$

由式（4-61）可以看出，利用克尔效应可以制作光纤电压传感器。

克尔效应的优点在于其普遍性及不依赖晶体的对称性，且相对来说不受温度影响，但大多数材料中的克尔效应都相当弱，限制了它的应用。

4）泡克耳斯效应

泡克耳斯效应也是一种重要的电光效应。当强电场施加于通光的各向异性晶体时，所引起的双折射正比于施加电场，称为线性电光效应。这种变化理论上可由描述晶体双折射性质的折射率椭球的变化来描述，以主轴折射率表示的折射率椭球方程为

$$\frac{x_1^2}{n_1^2} + \frac{x_2^2}{n_2^2} + \frac{x_3^2}{n_3^2} = 1 \qquad (4\text{-}62)$$

式中，对于双轴晶体，主轴折射率 $n_1 \neq n_2 \neq n_3$；对于单轴晶体 $n_1 = n_2 = n_o$，$n_3 = n_e$，n_o 为 o 光折射率，n_e 为 e 光折射率。

5）偏振态调制光纤式传感器的应用

光纤电流传感器是偏振态调制的典型应用[40, 41]，其常应用在高压传输中，传感器结构如图 4.41 所示，其基本原理是法拉第效应，当光路绕载流导体构成闭合环路时，根据安培环路定理，式（4-57）可变为

$$\theta = V_d N I \qquad (4\text{-}63)$$

式中，N 为导线上缠绕光纤的总圈；I 为导线中通过的电流。

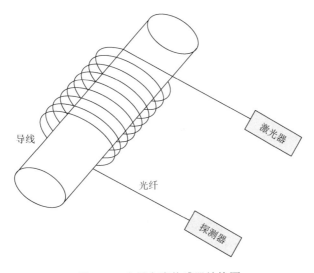

图 4.41　光纤电流传感器结构图

当电流为 0 时，出射光的振动方向沿 y 轴方向，检偏器的方位角为 ϕ；当电流不为 0 时，法拉第旋转角为 θ，如图 4.42 所示，则探测器输出信号为

$$J = E_0^2 \cos^2(\phi - \theta) \qquad (4\text{-}64)$$

E_0^2 为激光器功率，为了获得对 θ 的最大灵敏度，可令

$$\frac{\partial}{\partial \phi}\left(\left.\frac{\partial J}{\partial \theta}\right|_{\theta=0}\right) = 0 \qquad (4\text{-}65)$$

解得 $\phi = \pm 45°$，即在 $\theta = 0$ 附近 $\phi = \pm 45°$ 时检测的灵敏度最高，也就是说为获得最大灵敏度，检偏器的方向应与 $I = 0$ 时线偏振光的振动方向成 45° 夹角，此时

$$J = \frac{E_0^2}{2}(1 + \sin(2\theta)) \tag{4-66}$$

在小角度近似下 $\sin(2\theta) = 2\theta$，则 $J = \frac{E_0^2}{2}(1 + 2\theta)$，由此可见 J 与 I 呈线性关系。

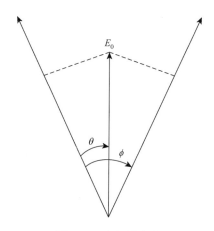

图 4.42　电矢量取向

4. 光纤光栅

光纤光栅是一种典型的波长调制型光纤式传感器，它是通过改变光纤纤芯的折射率，将衍射光栅写入光纤中而制成的（布拉格光栅），同时由于其具有高反射特性、选频特性和色散特性，在光纤通信和激光光源中也得到了广泛应用。

当光波入射到光纤光栅中时，光纤布拉格光栅只反射波长满足布拉格衍射的光，则反射波长受光栅周期改变和折射率改变的影响，通过测量反射波长的变化实现对外界被测量的检测，其中光纤布拉格光栅对光纤轴向应变和温度变化最为敏感。

光纤布拉格光栅是一种本征型传感器，同时具有波长编码特性，因此具有以下明显的优点：①可靠性高；②波长移动响应快；③具有波长自参考特点；④不受光强度影响，对背景光干扰不敏感；⑤可进行波长编码，易于复用；⑥长度仅几毫米，空间分辨力高；⑦小巧紧凑，易于埋入材料内部。但同时也存在一些不足，如对波长移动的检测需要用到较复杂的技术和较昂贵的仪器或光纤器件[42]。

1）光纤布拉格光栅的分类

随着光纤技术的发展与成熟，根据不同需要和各种用途，各种各样的光纤布拉格光栅相继问世，其种类繁多、特性各异。通常按照光纤布拉格光栅的周期进行分类，可分为短周期光纤光栅，即光纤布拉格光栅（fiber Bragg grating，FBG），又称为反射光栅，以及长周期光纤光栅（long-period grating，LPG），又称为透射光栅。光纤布拉格光栅的周期小于 1μm，而长周期光纤光栅周期为几十至几百微米。

光纤布拉格光栅的特点是传输方向相反的两个纤芯模之间发生耦合，属于反射型，其结构如图 4.43（a）所示，栅区折射率分布为

$$n(z) = n_1 + \Delta n_{max} \cos\left(\frac{2\pi}{\varLambda}z\right) \qquad (4\text{-}67)$$

折射率分布如图 4.43（b）所示。

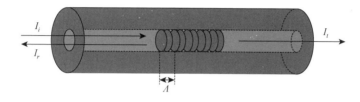

(a) 光纤布拉格光栅结构

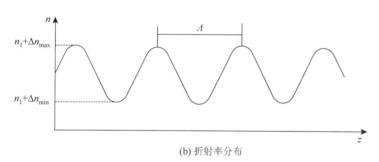

(b) 折射率分布

图 4.43　光纤布拉格光栅结构及折射率分布

图 4.44 为光纤布拉格光栅的反射谱特性，在一定带宽 $\Delta\lambda$ 的谐振峰两边会有一些旁瓣，这是光纤布拉格光栅两端折射率突变引起的 F-P 效应所导致的。

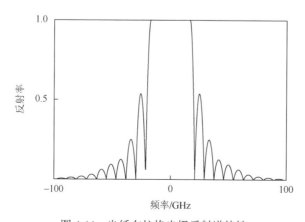

图 4.44　光纤布拉格光栅反射谱特性

长周期光纤光栅则是基于光纤内满足相位匹配条件的同向模式之间的谐振耦合，与光纤布拉格光栅有很大的不同，无向后反射，属于透射型带阻滤波器，其透射光谱如图 4.45 所示。

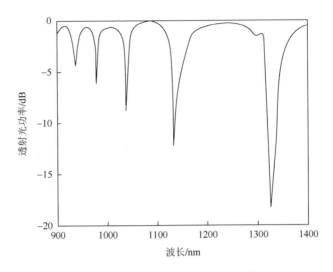

图 4.45　长周期光纤光栅透射光谱

根据光纤光栅的波导结构分类还可分为均匀光纤光栅、闪耀光纤光栅、啁啾光纤光栅、变迹光纤光栅、相移光纤光栅、超结构光纤光栅和莫尔光栅等。

2）光纤布拉格光栅的传感原理

光纤布拉格光栅方程为

$$\lambda_{\mathrm{B}} = 2n_{\mathrm{eff}}\Lambda \tag{4-68}$$

式中，λ_{B} 是满足布拉格条件的反射光波长，即布拉格波长；n_{eff} 是反向耦合模的有效折射率；Λ 是光栅的周期。由光纤布拉格光栅方程可知，反射波长取决于有效折射率 n_{eff} 和光栅周期 Λ，当这两个量在物理过程中发生变化时，都会引起布拉格波长的漂移。依据这一原理，基于波长漂移的光纤传感机理被提出并得到广泛的应用。在众多影响布拉格波长漂移的物理量中，温度、应力和应变等参量是最直接的，因为当温度变化时，由于热膨胀，光栅轴向和径向的尺寸都会发生变化，这势必导致光栅周期 Λ 的改变，同时由于热光效应，n_{eff} 也会随着温度的变化而变化。当光栅受到应力的作用时，无论拉伸还是挤压，都会使光栅周期 Λ 发生变化，同时由于弹光效应，n_{eff} 也随之改变。因此光纤布拉格光栅常应用于应力-应变传感器和温度传感器中。

布拉格波长与应力和应变的关系可以表示为

$$\frac{\Delta \lambda_B}{\lambda_B} = (\alpha + \xi)\Delta T + (1 - P_e)\varepsilon \tag{4-69}$$

式中，$\xi = \left(\dfrac{1}{n_{\text{eff}}}\right)\left(\dfrac{\partial n_{\text{eff}}}{\partial T}\right)$ 表示光纤材料的热光系数；$\alpha = \left(\dfrac{1}{\Lambda}\right)\left(\dfrac{\partial \Lambda}{\partial T}\right)$ 表示光纤材料的热膨胀系数；$P_e = -\dfrac{1}{n_{\text{eff}}}\dfrac{\mathrm{d}n_{\text{eff}}}{\mathrm{d}\varepsilon}$ 为光纤的弹光系数；$\varepsilon = \dfrac{\Delta L}{L} = \dfrac{\Delta \Lambda}{\Lambda}$ 表示轴向应变，据此可测量外界环境的变化。

4.5.3　感应式传感器

1. 工作原理

图 4.46 为动圈式传感器的结构原理简图。在永久磁铁（或电磁铁）产生的磁场中放置匝数为 N 的可动线圈，线圈的平均周长为 l_a，如果在线圈运动部分的磁场强度 B 是均匀的，则当线圈与磁场的相对运动速度为 $\mathrm{d}x/\mathrm{d}t$ 时，线圈的感应电动势为

$$E = NBl_a \frac{\mathrm{d}x}{\mathrm{d}t}\sin\alpha \tag{4-70}$$

式中，N 表示匝数；B 表示磁场强度；l_a 表示线圈平均周长；$\mathrm{d}x/\mathrm{d}t$ 表示线圈与磁场的相对运动速度；α 表示运动方向与磁场方向的夹角。

当 $\alpha = 90°$ 时，式（4-70）改写为

$$E = NBl_a \frac{\mathrm{d}x}{\mathrm{d}t} \tag{4-71}$$

当 N、B 和 l_a 恒定不变时，E 与 $\mathrm{d}x/\mathrm{d}t$ 成正比，根据感应电动势 E 的大小就可以知道被测速度的大小[27]。

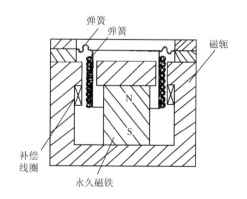

图 4.46　动圈式传感器结构原理简图

从动圈式传感器的工作原理看，它的基本元件有两个：一个是磁路系统，它产生恒定的直流磁场，为了减小传感器体积，一般都采用永久磁铁；另一个是线圈，线圈运动切割磁力线产生感应电动势。作为运动部分，可以是线圈，也可以是永久磁铁，只要二者之间有相对运动就可以。作为一个完整的传感器，除了磁路系统和线圈外，还有一些其他元件，如壳体、支撑结构、阻尼器、接线装置等。

图 4.47 为磁电式振动传感器的结构原理图，这种传感器可以把两个相对运动物体的振动转换为电量。工作时，把传感器紧固于振动的物体上，而其顶杆顶着另一振动物体，这样，两物体之间的相对运动必导致磁路系统空气隙和线圈之间的相对运动，于是线圈切割磁力线，产生正比于振动速度的感应电动势。

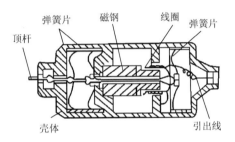

图 4.47　磁电式振动传感器结构原理图

2. 频率响应特性

磁电式传感器是惯性拾振器，其等效的机械系统如图 4.48 所示，它是一个二阶系统。图中的 V_0 为传感器外壳的运动速度，即被测物体运动速度；V_m 为传感器惯性质量块的运动速度。若 $V(t)$ 为惯性质量块相对于外壳的运动速度，则其运动方程为

$$m\frac{\mathrm{d}V(t)}{\mathrm{d}t} + cV(t) + K\int V(t) = -m\frac{\mathrm{d}V_0(t)}{\mathrm{d}t} \qquad (4\text{-}72)$$

其幅频特性与相频特性分别为

$$A_V(\omega) = \frac{\left(\dfrac{\omega}{\omega_n}\right)^2}{\sqrt{\left(1-\left(\dfrac{\omega}{\omega_n}\right)^2\right)^2 + \left(2\xi\dfrac{\omega}{\omega_n}\right)^2}} \qquad (4\text{-}73)$$

$$\phi_V = -\arctan\frac{2\xi\dfrac{\omega}{\omega_n}}{1-\left(\dfrac{\omega}{\omega_n}\right)^2} \qquad (4\text{-}74)$$

式中，ω 表示被测振动的角频率；ω_n 表示传感器运动系统的固有频率，$\omega_n = \sqrt{K/m}$；ξ 表示传感器运动系统的阻尼比，$\xi = c/(2\sqrt{mk})$。

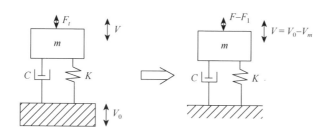

图 4.48　磁电式传感器的等效机械系统

图 4.49 为磁电式速度传感器的幅频响应曲线。从磁电式速度传感器的幅频响应特性可以看出，只有在 $\omega \gg \omega_n$ 的情况下，$A_V(\omega) \approx 1$，相对速度 $V(t)$ 的大小才可以作为被测振动速度 $V_0(t)$ 的量度。因此磁电式速度传感器的固有频率较低，一般为 10～15Hz。为了抑制共振峰值，以减小幅值误差来扩大工作频率范围，使阻尼比 $\xi = 0.5 \sim 0.7$。当 $\omega > 1.7\omega_n$ 时，其幅值误差 $|A(\omega)-1| \cdot 100\%$ 不超过 5%，但这时相位误差为 120°左右。这样大的相位误差，根本无法精确测量振动相位。当 $\omega \gg (7 \sim 8)\omega_n$ 时，可以精确地测量幅值，同时相位差接近 180°，传感器成为一个反相器。

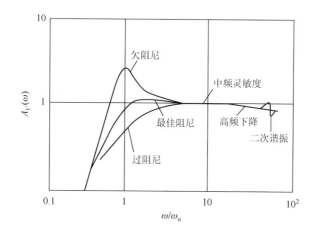

图 4.49　磁电式速度传感器的幅频响应曲线

最后应该指出，相对运动速度 $V(t)$ 就是前面提到的线圈相对磁场的运动速度 dx/dt，因此，式（4-71）改写为

$$E = NBl_aV(t) \tag{4-75}$$

这时磁电式速度传感器的感应电动势 E 与相对运动速度 $V(t)$ 成正比，而 $V(t)$ 可以度量被测振动速度 $V_0(t)$，所以感应电动势 E 也可以度量 $V_0(t)$。

参 考 文 献

[1]　Price H L. On mechanism of translation in optical fiber hydrophones[J]. Journal of the Acoustical Society of America，1970，66：976-979.

[2]　Боббер Р. Гидроакустические измерения[M]. Москва： Мир，1974.

[3]　Скребнев Г К. Комбинированные гидолакустические приемники[M]. СПб： Элмор，1997.

[4]　Захаров Л Н，Ржевкин С Н. Векторно-фазовые измерения в акустических полях[J]. Акуст.журн，1974，20（3）：393-401.

[5]　Cray B A，et al. Directivity factors for linear arrays of velocity sensors[J]. Journal of the Acoustical Society of America，2001，110（1）：324-331.

[6]　尤立克. 水声原理[M]. 洪申，译. 3 版. 哈尔滨：哈尔滨船舶工程学院出版社，1990.

[7]　李启虎. 声呐信号处理引论[M]. 2 版. 北京：海洋出版社，2000.

[8]　张贤达. 信号处理中的线性代数[M]. 北京：科学出版社，1997.

[9]　Shipps J C，Abraham B M. Safe waters make sense-vector sensors secure shore-based manufacturing plants[J]. Intech，2004，51（12）：39-40.

[10]　Hawkes M，Nehorai A. Acoustic vector-sensor correlations in ambient noise[J]. IEEE Journal of Oceanic Engineering，2001，26（3）：337-347.

[11]　McConnell J A. Analysis of a compliantly suspended acoustic velocity sensor[J]. Journal of the Acoustical Society of America，2003，113（3）：1395-1405.

[12]　Kim K. Investigation of an underwater acoustic vector sensor[D]. Stadtkolich City：The Pennsylvania state University，2002.

[13]　杨士莪. 水声传播原理[M]. 哈尔滨：哈尔滨船舶工程学院出版社，1994.

[14]　郑士杰，袁文俊. 水声计量测试技术[M]. 哈尔滨：哈尔滨工程大学出版社，1995.

[15]　洪连进. 三维矢量水听器的研究[R]. 哈尔滨工程大学博士后研究工作报告，哈尔滨，2001.

[16]　杨德森，洪连进，时胜国，等. 球形高频矢量水听器振速通道、声压通道一体化加工方法：中国，2007100723299[P]. 2007.

[17]　杨德森，洪连进，时胜国，等. 复合同振式高频三轴向矢量水听器：中国，2007100723284[P]. 2007.

[18]　洪连进，陈洪娟. 适用于矢量水听器的三维压电加速度传感器：中国，200610120295.1[P]. 2006.

[19]　Leslie C B，Kendall J M，Jones J L. Hydrophones for measuring particle velocity[J]. Journal of the Aconstical Society of America，1956，956（28）：711.

[20]　Gabrielson T B，Gardner D L，Garrett S L. A simple neutrally buoyant sensor for direct measurement of particle velocity and intensity in water[J]. Journal of the Acoustical Society of America，1995，97（3）：2227-2237.

[21]　Shchurov V A. Modern state and prospects for use of underwater intensity measurements[M]. Vladivostok：Pacific Oceanological Institude，1998：44.

[22]　Mann J A，Jiri Tichy，Anthony J R，et al. Instantaneous and time-averaged energy transfer in acoustic fields[J]. Journal of the Acoustical Society of America，1987，82（1）：17-30.

[23]　Jacobsen F. A note on instantaneous and time-averaged active and reactive sound intensity[J]. Journal of Sound and

Vibration，1991，147（3）：489-496.

[24] Hawkes M，Nehorai A. Acoustic vector-sensor processing in the presence of a reflecting boundary[J]. IEEE Transactions on Signal Processing，2000，48（11）：2981-2993.

[25] Hawkes M，Nehorai A. Effects of sensor placement on acoustic vector-sensor array performance[J]. IEEE Journal of Oceanic Engineering：A，1999，24（1）：33-40.

[26] Hawkes M，Nehorai A. Acoustic vector-sensor beamforming and Capon direction estimation[J]. IEEE Transactions on Signal Processing，1998，46（9）：2291-2304.

[27] Wong K T，Zoltowski M D. Closed-form underwater acoustic direction-finding with arbitrarily spaced vector-hydrophones at unknown locations[J]. IEEE Journal of Oceanic Engineering，1997，22（3）：566-575.

[28] Kang K. Development of an accelerometer-based underwater acoustic intensity sensor[J]. Journal of the Acoustical Society of America，2004，116（6）：3384-3392.

[29] Lo E Y，Junger M C. Signal-to noise enhancement by underwater intensity measurements[J]. Journal of the Acoustical Society of America，1987，82（4）：1450-1454.

[30] 彭杰纲. 传感器原理及应用[M]. 北京：电子工业出版社，2012.

[31] 张志勇. 现代传感器原理及应用[M]. 北京：电子工业出版社，2014.

[32] 孟立凡. 传感器原理与应用[M]. 北京：电子工业出版社，2007.

[33] 赵勇. 光纤传感原理与应用技术[M]. 北京：清华大学出版社，2007.

[34] 杨华勇. 反射式强度型光纤传感器的研究[J]. 传感技术学报，2001，（4）：349-355.

[35] Lee B H. All-fiber Mach-Zehnder type interferometers formed in photonic crystal fiber[J]. Optics Express，2007，15（9）：5711-5720.

[36] 周海波，刘建业，赖际舟，等. 光纤陀螺仪的发展现状[J]. 传感器技术，2005，（6）：1-3.

[37] 毕卫红. 光纤通信与传感技术[M]. 北京：电子工业出版社，2008.

[38] Xue J. Research for fiber-optic electric current sensors of phase modulating mode[D]. Beijing：Master Dissertation of North China Electric Power University，2003：12.

[39] 刘宇. 光纤传感原理与检测技术[M]. 北京：电子工业出版社，2011.

[40] 娄凤伟. 光学电流传感器的现状与发展[J]. 电工技术杂志，2002，（6）：11-14.

[41] Jiang X S. A optic-fiber current measure system at high voltage frequency converter[J]. Control Enginering of China，2005，12：199-202.

[42] 赵勇. 光纤光栅及其传感技术[M]. 北京：国防工业出版社，2007.

第5章 水下声矢量传感器的性能测试

本章分析基于矢量接收器组合接收系统的基本性能及与之相关的质量保证问题，包括：接收系统的幅频特性、相频特性；矢量接收器通道特性的测量方法等。

5.1 矢量通道的性能测试

如所有测量设备一样，矢量接收器具有两个基本功能：

（1）实现声能到电能的转换；

（2）建立确定的空间选择性。

因此，可以将表征这些接收器的参数分为两组。第一组参数用来表征电声转换效率，第二组参数表征方向特性。

第一组参数主要表征声接收器的静态特性（通道静态灵敏度）和动态特性（幅频特性与相频特性）。对于弱信号接收器来说，还有一个重要参数——阈值。

第二组参数表征接收器灵敏度 $D(r)$ 的方向特性。

由此可以给出声接收器每个通道的基本特性：

（1）分辨力特性；

（2）最大值（最小值）对称性指数。

采用声接收器构成测量系统并应用于工程时，必须确定声接收器的这些特性。定量确定这些特性的测量方法就是声接收器的校准。

在计量（标定）矢量接收器（二维、三维声压梯度接收器）时，还应确定以下的换能器参数：

（1）电容量；

（2）介电损耗角正切；

（3）绝缘电阻；

（4）直流内阻；

（5）灵敏度特性；

（6）相位特性；

（7）指向性；

（8）等效噪声级。

但在实际中从声压梯度接收器使用者的角度看，在声压梯度接收器校准（标定）时，要明确上述特性，但更关心的是以下参数（图 5.1）：

（1）自由场声压灵敏度 G；

（2）阈值 P_{Π}；

（3）灵敏度的方向性 $D(r)$；

（4）矢量接收器的特性，包括分辨力系数 K_D 和最大值（最小值）对称性指数 K_{acc}，灵敏度最小值的偏差 $\Delta\varphi_{\min}$；

（5）通道的相位特性（包括与入射信号、声接收器通道轴夹角的关系）和通道之间的相位差特性。

这些量的定义如下面公式和图 5.1 所示：

$$K_D = \frac{U_x}{U_y}, \quad K_{\mathrm{acc\,max}} = \frac{U_{x+}}{U_{x-}}, \quad |D(r)| = \frac{U_\varphi}{U_0}, \quad K_{\mathrm{acc\,min}} = \frac{U_{y+}}{U_{y-}}$$

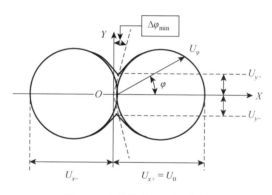

图 5.1　矢量接收器通道特性

当在组合接收系统中联合使用矢量接收器和声压接收器时，常会遇到如何确定它们相对布放位置的问题。为了减小由介质非均匀性带来的测量误差，总是希望将它们彼此布放得很近（最好是在同一点）。但是，实际上这是很难做到的。因此，多数情况下，组合接收系统中矢量接收器和声压接收器是各自独立的。这样，就必须考虑到散射场。所以要合理选择接收器的布放位置，使测量误差减小到最小。

声压接收器的直径一般可以做到小于矢量接收器直径，可以解决关于声压接收器幅值特性、相位特性的问题，也就是要解决矢量接收器刚性球体的散射问题，此时可以近似地认为刚性球体是固定不动的。在这种假设的基础上，对于声压接收器幅值、相位特性的计算可以根据平面波声场声压与存在球体散射声压的比值来计算。

关于幅频特性前面已经分析得较为详尽，然而和实验数据之间不可避免地存在误差，通常要进行修正。在低频段，球体本身带来的干扰在各个方向相差不大。在高频段，球体的背后会形成影区。如在图 5.2 中，当矢量接收器的直径 $2a = 10$cm 时，在 $6 \sim 8$kHz 频率范围内，修正值不是很大。

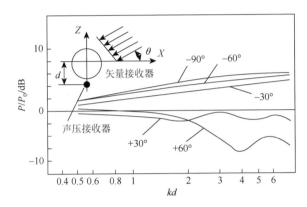

图 5.2　不同声波入射角 θ 下($d = 2a$)，散射对声压接收器幅值特性的影响

相对独立的声压接收器通道与矢量接收器通道信号的相位差特性则要复杂得多，它不仅由接收器的尺寸 a 决定，还与两个接收器相对于入射波位置的差异 Δr 有关。对于处在水平平面中的接收器来说，声压接收器接收到的信号与矢量接收器接收到的信号之间的相位差可以写为

$$\varphi_{PV} = \arctan(\boldsymbol{k}, \Delta \boldsymbol{r}) + \Delta \varphi_D \tag{5-1}$$

式中，$\Delta \varphi_D$ 表示相位修正。

当 $\Delta \varphi_{PV}$ 与声波传播方向无关且为零时，可以认为声压接收器与矢量接收器处于最佳的相对位置。当它们的几何尺寸及相互之间的距离远小于波长时，可以满足这个条件。此时声压接收器与矢量接收器之间的距离 d 与声波波长 λ 之比是严格的限制条件。若要求 $\Delta \varphi_{PV} < 1°$，就应满足 $d/\lambda < 1.5 \times 10^{-3}$。

但是，多数情况下距离 d 不容易满足上述条件（特别是在高频时），在上限频率时，考虑矢量接收器的尺寸与波长 λ 相当，声压接收器与矢量接收器的相对位置应保证外场条件下 $\Delta \varphi_{PV}$ 为最小，更重要的是要保证 $\Delta \varphi_{PV}$ 与入射声波方向无关。

同时，当声压接收器距矢量接收器球体（半径为 a）中心距离 $d = \Delta r$、入射声波相对于 X 轴为 θ 角时，接收器壳体对入射声波的散射也是影响信号相位的重要原因，此时，散射声场可表示为[1]

$$P = P_0 \mathrm{e}^{\mathrm{j}\omega t} \cdot \sum_{m=0}^{\infty} \mathrm{j}^m (2m+1) \cdot \mathrm{P}_m(\cos\theta) \cdot (\mathrm{J}_m(\alpha) + +\mathrm{j}\sin\delta_m(\alpha) \cdot \mathrm{e}^{\mathrm{j}\delta_m(\alpha)} \cdot \mathrm{H}_m^{(2)}(\alpha))$$

式中，$P_m(\cos\theta)$ 表示勒让德多项式；$J_m(\alpha)$ 表示球贝塞尔函数；$H_m^{(2)}(\alpha)$ 表示第二类球汉克尔函数；$\delta_m(\alpha)$ 表示莫尔斯相位函数[2]；$\alpha = k\Delta r$。

由上式可确定相对于矢量接收器相位中心点 P 的相位 φ_P：

$$\varphi_P = \arctan\frac{\sum_{m=0}^{\infty}(2m+1)\cdot P_m(\cos\theta)\cdot(J_m(\alpha)+\sin^2\delta_m(\alpha)\cdot N(\alpha))}{\sum_{m=0}^{\infty}(2m+1)\cdot P_m(\cos\theta)\cdot(J_m(\alpha)+N(\alpha)\sin\delta_m(\alpha_0)\cos\delta_m(\alpha_0))} \qquad (5\text{-}2)$$

式中，$N(\alpha)$ 表示球形诺依曼函数。

对于 $\alpha_0 = \alpha$（即球体表面），式（5-2）可以写为

$$\varphi_P = \arctan\frac{\sum_{m=0}^{\infty}(2m+1)\cdot P_m(\cos\theta)\cdot\sin\delta_m(\alpha_0)/D_m(\alpha_0)}{\sum_{m=0}^{\infty}(2m+1)\cdot P_m(\cos\theta)\cdot\cos\delta_m(\alpha_0)/D_m(\alpha_0)} \qquad (5\text{-}3)$$

式中，$D_m(\alpha_0)$ 表示文献[3]中莫尔斯的导出函数。

图 5.3 给出了在直径为 10cm 的球形矢量接收器附近，计算得到的声压接收器相位特性。不难看出，当频率不高、$\theta\ne 0°$ 时，φ_P 由式（5-1）中的第一项确定。借助于延迟线很难对相位 $\Delta\varphi_{PV}$ 进行补偿，因为多数情况下无法准确预测声波到达的方向。可以在组合接收系统中，在相对于中心位置的同一轴向上再布放一只声压接收器，对两只声压接收器的输出信号进行加法运算。

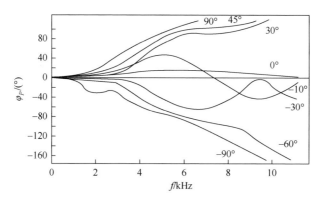

图 5.3　声波不同入射角下声压接收器接收信号的相位计算曲线

增加第二只声压接收器就会减小相位 $\Delta\varphi_{PV}$ 的偏差，俄罗斯专家的经验表明[1]：在 $-30°\leqslant\theta\leqslant 30°$ 范围效果最明显。当角度 $|\theta|>30°$ 时，其中一只声压接收器受到矢量接收器外壳的屏蔽，导致相位补偿效果变弱。当相位差 $\Delta\varphi_{PV}$ 不超过 15° 时，这对大多数测量来说是可以接受的。如果要进一步改善 $\Delta\varphi_{PV}$，可以在空间对称布

放多只声压接收器。例如，布放 6 只时，可以在大约 8kHz 以下的频带内，$\Delta\varphi_{PV}$ 的变化不大于 15°，在 3kHz 以下 $\Delta\varphi_{PV}$ 的变化不大于 3°。理论上可以证明，继续增加声压水听器的数量，可以使 $\Delta\varphi_{PV}$ 的变化接近零，这是极限的情况。

5.1.1　空气中的性能测试

通常在校准过程中，可利用声源发出平面波、各阶简正波和球面波。这些声源使用的环境和条件优缺点列于表 5.1。

表 5.1　声压梯度接收器的基本校准方法

声波		优点	缺点
平面波	行波	声压及其振速之间的关系最简单	创建声场比较困难，特别是在低频段和甚低频段
	水平方向驻波	可以建立阻抗已知、静水压可调的实验室测量装置	必须具有刚性边界，工作腔的尺寸受限
	水平方向上驻波与平面波的组合	能量增益	阻抗未知
	垂直方向上的驻波	阻抗已知 不存在径向声压梯度	必须有补偿装置来平衡液柱的质量
简正波	平面平行波导	近场条件下的校准	复杂，需要根据垂直场参数进行平均
	长方形水池中的声波	可以利用现有水池	复杂，根据三个坐标声场参数进行平均
球面波	近场发射的脉冲声波	可以忽略边界的反射	发射器、待校准接收器尺寸与发射、接收之间的距离相当
	近场发射的振荡声波	可以利用现有水池进行绝对校准	产生声波比较困难，特别是在低频段

1. 基于空间分布声压水听器基础上矢量接收器的校准

最简单的方法就是利用相距 Δ 的声压水听器构成声压梯度接收器，以此作为标准声压梯度接收器。如果每一只声压水听器都被校准过，那么，理论上就可以根据下面的公式来确定被校声压梯度接收器的灵敏度：

$$\dot{P}_\Delta = \frac{P_1 - P_2}{\Delta} = \frac{U_0}{G_P \Delta}, \quad V_0 = \frac{U_0}{\omega\rho G_P \Delta} = \frac{U_0}{k\rho c G_P \Delta}$$

式中，G_P 表示单只声压水听器的灵敏度；U_0 表示标准声压梯度接收器输出端的电压；V_0 表示质点振速。

2. 自由空间条件下矢量接收器的校准

自由空间条件下可以消除反射信号对被校矢量接收器的影响，如果是准自由空间，须采用脉冲作为发射信号。但是，必须建立具有一定脉宽、由测试频率信号填充的正弦脉冲，对高频、低频乃至甚低频校准都是一种有效的方法。此外，采用脉冲法必须工作在近场，这是精确校准参数的限制条件。

为了解决这一问题，美国曾研制了发射换能器系列，可以在空间区域形成平面波，其中有广为熟知的、基于惠更斯-菲涅耳原理形成波前的、被称为特洛特的阵列（图 5.4）[4]。它由 2500（50×50）个基元组成，每个基元距离为 20cm。

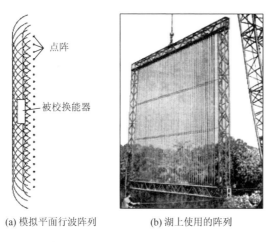

(a) 模拟平面行波阵列　　　　(b) 湖上使用的阵列

图 5.4　模拟平面行波的阵列及湖上使用的阵列照片

这种点阵的每一个基元都是一个点声源，可以创建初级惠更斯波。阵列的基元应该足够小，同时相互距离要足够远，这样可以保证阵列的透声性。阵列与被校换能器之间不应产生驻波，而直接接近换能器的阵列不会产生辐射阻抗的影响。为了将阵列看成一个均匀的平面波声源，每一个基元之间的距离不应超过 0.8λ。被校换能器可以安装在离阵列很近的地方（图 5.4）。采用连续或脉冲信号作为平面波时，发射阵列与待校准换能器之间的距离可以很近。3.5kHz 时声压均匀场的有效测量范围约为直径 12m、深 5.8m 的区域，工作频率可以为 1～6kHz。遗憾的是，类似的阵列由于某些技术原因没有得到广泛的应用。

采用不同的吸声层，可以是降低反射信号的另一途径。为此，人们在空气声学中建立了消声室，在水声水池中的侧壁可以覆盖吸声橡胶，但在低频范围内消声效果不是很好。B&K 公司建立的消声室，可有效保证对外界噪声（40dB）的隔离，工作频率为 100Hz 以上，而在水声水池，要达到这样的消声效果，其下限频率远高于 100Hz。

3. 近场校准

为了消除反射波的影响，在校准矢量接收器时通常在近距离连续发射，使直达波明显高于反射波。这样，必须引入修正因子 ψ 来修正发射器与被校矢量接收器声中心之间的距离，ψ 有时可以达到 20～25dB。

图 5.5（a）、（b）中给出了 5kHz 处，在边长为 10m 的立方体消声室中不同反射系数下空气中的声压计算结果，图中曲线 1、2、3 对应的反射系数分别为 0、0.3 和 0.6。从图中可以看出，接近声源处受反射的影响减小，声场接近于自由场，反射系数越小，这种接近程度越好，反之亦然。图 5.5（c）给出了非消声水池中类似的结果。

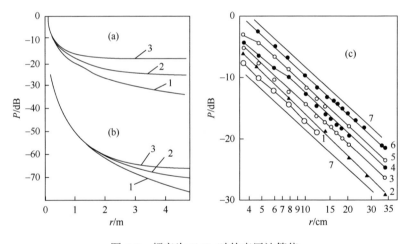

图 5.5　频率为 5kHz 时的声压计算值

（a）单极子发射换能器；（b）偶极子发射换能器；（c）非消声水池中声场随声源距离的衰减；曲线 1-315Hz；曲线 2-500Hz；曲线 3-1000Hz；曲线 4-2000Hz；曲线 5-4000Hz；曲线 6-8000Hz；曲线 7-不同声源级下的球面衰减规律

接下来要确定被校声接收器所在位置声压的实际值，最简单、可靠的方法是利用标准声压水听器进行比较法校准。但是，矢量接收器输出的信号相对于平面行波场的声压信号会产生一定的相移，特别是在低频段，图 5.6 所示为直径是 10cm 的二维矢量接收器两个矢量通道的灵敏度及与外场条件下校准结果的比较。

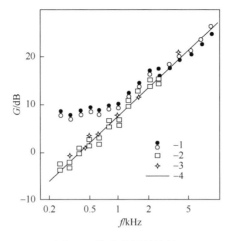

图 5.6　校准结果的比较

1-没有引入修正的近场测量；2-修正后的近场测量；3-在水库中校准的平均灵敏度；4-每倍频程增加 6dB 的灵敏度曲线

为了正确地将输出电压换算成灵敏度，需要准确知道发射器声中心与矢量接收器之间的距离，以及发射器的类型（单极子、偶极子）。近场校准的第二个困难就是矢量接收器本身的尺寸远大于声压水听器尺寸，通常会出现系统随机误差，因此应该引入尺寸方面的修正，甚至要引入矢量接收器形状的修正。

当测量相位特性时，还会产生更复杂的情况。利用单频声源可以得到比较好的结果，但是，在有限的体积（如水声水池）中，由于产生了独立简正波和干涉现象，无法满足球面规律。因此，从灵敏度校准的角度出发，要保持适当的信噪比，信噪比过高或过低都不是最佳选择。从待校准接收器和标准接收器输出端的噪声信号输入到相关器，然后将相关器中的互相关系数转化为相应滤波器中心频率下的相位并以"度"表示，但此时相位误差急剧增加（图 5.7）。图 5.7 为在有阻抗边界层条件下测得的矢量接收器的相位特性［分图（a）］和 1/3 倍频程噪声信号条件［分图（b）］下，X 通道与标准高频矢量接收器之间互相关系数的测量结果。

校准时应将矢量接收器的声中心与发射器的发射声波主极大方向布放在同一方向上，矢量接收器与标准声压水听器之间的距离不小于矢量接收器本身的一个直径。按下列步骤进行校准。

（1）调整信号源和窄带滤波器，设定相应的测试频率。

（2）读取标准声压水听器经滤波后的输出电压值 U_P 和相应的放大倍数 N_P（dB）。

（3）读取被校矢量接收器经滤波后的输出电压值 U_V 和相应的放大倍数 N_V（dB）。为确保测量精度，可以考虑利用声压水听器、矢量接收器的相互位置进行球面波修正：

$$\Delta_S = 10\lg\left(1+\frac{1}{(kr_1)^2}\right), \quad \Delta_r = 10\lg\left(\frac{r_2}{r_1}\right)^2$$

式中，r_1 和 r_2（cm）分别为被校矢量接收器中心与发射器、标准声压水听器与发射器之间的距离。

（4）重复三次以上的测量过程，得到平均值 $\overline{U_V}$ 和 $\overline{U_P}$。

（5）计算某一频率上的被校矢量接收器的灵敏度：

$$G = G_P + \overline{N_V} - \overline{N_P} + \overline{U_V} - \overline{U_P} - \Delta_S + \Delta_r$$

式中，G_P 表示标准声压水听器的灵敏度（dB）。

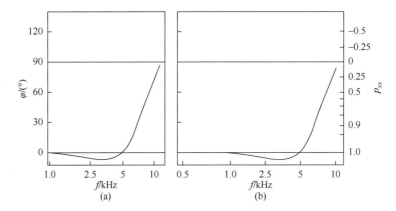

图 5.7 X 通道与标准高频矢量接收器之间互相关系数的测量结果

5.1.2 水中的性能测试

前面内容介绍了一种非消声水池基于近场声接收器的校准方法，还有另一种存在二次散射信号时的校准方法。在发射单频信号时，正如前面内容所述，必须认为产生了独立简正波和干涉现象。此时，可以找到类似的声压与振速分量之间的关系，包括对二次散射最敏感的相位关系。

文献[5]中，以一个长方形水池（$a \times b \times H$）为例，假定池壁是绝对软边界，在该水池中进行了矢量接收器的校准。

设角频率为ω的速度势 $\boldsymbol{\Phi}$ 可以写为

$$\boldsymbol{\Phi} = A_{mnp}\psi = A_{mnp}\sin(k_m x)\sin(k_n y)\sin(k_p z)\,\mathrm{e}^{\mathrm{j}\omega t} \tag{5-4}$$

式中，$k_m = \dfrac{m\pi}{a}$；$k_n = \dfrac{n\pi}{b}$；$k_p = \dfrac{p\pi}{H}$；$m,n,p = 1,2,3,\cdots$ 表示整数；A_{mnp} 表示振动幅值。在振动激励的情况下，在水池中利用点声源，在谐振频率点上 $A_{mnp} = Q_0\psi_0$，Q_0

表示点声源的效率，$\psi_0 = \psi(x_0, y_0, z_0)$ 表示坐标点 x_0，y_0，z_0 的 ψ 函数值。将发射器置于水池中心位置，可以保证 $\psi_0 = 1$。

水池的谐振频率可以由式（5-5）来计算：

$$f_{mnp} = \frac{c}{2}\sqrt{\frac{m^2}{a^2} + \frac{n^2}{b^2} + \frac{p^2}{H^2}} \tag{5-5}$$

声压 P' 和振速分量（V_x，V_y，V_z）分别为（为讨论方便忽略时间因子项）：

$$\begin{cases} P' = \mathrm{j}\omega\rho \sum_{m=1}^{M} \sum_{n=1}^{N} \sum_{p=1}^{P} A_{mnp} \sin(k_m x) \sin(k_n y) \sin(k_p z) \\[2mm] V_x = -\sum_{m=1}^{M} \sum_{n=1}^{N} \sum_{p=1}^{P} A_{mnp} \, k_m \cos(k_m x) \sin(k_n y) \sin(k_p z) \\[2mm] V_y = -\sum_{m=1}^{M} \sum_{n=1}^{N} \sum_{p=1}^{P} A_{mnp} \, k_n \sin(k_m x) \cos(k_n y) \sin(k_p z) \\[2mm] V_z = -\sum_{m=1}^{M} \sum_{n=1}^{N} \sum_{p=1}^{P} A_{mnp} \, k_p \sin(k_m x) \sin(k_n y) \cos(k_p z) \end{cases} \tag{5-6}$$

式（5-6）中取的是高阶行波的有限项的和。在封闭水池谐振频率上声压模的平方与振速分量模的平方和之比为

$$\frac{P'^2}{V_x^2 + V_y^2 + V_z^2} = (\rho c)^2 \psi^2 \equiv (\rho c)^2 \psi^2(x, y, z, x_1, y_1, z_1, f, a, H)$$

因此，这个比值等于介质波阻抗的平方乘以修正系数 ψ^2，且与发射器所在坐标(x_1, y_1, z_1)、接收器坐标(x, y, z)以及频率和水池尺寸之间具有复杂的关系。修正系数 ψ 的计算相当烦琐。不难看出，括号中参数的微小变化都会导致 ψ^2 的值发生明显变化。按照一个、两个或三个坐标轴取平均，可以显著减小确定 ψ^2 时的误差。

按照坐标轴 z 对声场取平均。设点声源布放在中心位置，此时水池中只产生奇数模态，因为激励系数 A_{mnp} 对于所有的偶数模态都等于零。为了得到 ψ^2 最简单的表达式，可以根据 $x = a/2$ 或 $y = b/2$ 平面上的路径取平均。此时，修正系数具有如下形式。

（1）对于坐标为$(x = a/2, y)$的垂直路径：

$$\left.\overline{\psi^2}\right|_z = \sum_{m=1}^{M} \sum_{m'=1}^{M} \sum_{n=1}^{N} \sum_{n'=1}^{N} \sum_{p=1}^{P} k_{mnp} k_{m'n'p'} \sin(k_n y) \sin(k_{n'} y) \Bigg/$$
$$\left(M^2\left(\sum_{n=1}^{N} \sum_{n'=1}^{N} \sum_{p=1}^{P} k_n k_{n'} \sin(k_n y) \sin(k_{n'} y) + \sum_{m=1}^{M} \sum_{m'=1}^{M} \sum_{p=1}^{P} k_p^2 \sin(k_n y) \sin(k_{n'} y) \right) \right) \tag{5-7}$$

（2）对于坐标为$(x, y = b/2)$的垂直路径：

$$\left.\overline{\psi^2}\right|_z = \sum_{m=1}^{M}\sum_{m'=1}^{M}\sum_{n=1}^{N}\sum_{n'=1}^{N}\sum_{p=1}^{P} k_{mnp}k_{m'n'p'}\sin(k_m x)\sin(k_{m'}x) \Bigg/$$
$$\left(N^2\left(\sum_{m=1}^{M}\sum_{m'=1}^{M}\sum_{p=1}^{P} k_m k_{m'}\cos(k_m x)\cos(k_{m'}x) + \sum_{m=1}^{M}\sum_{m'=1}^{M}\sum_{p=1}^{P} k_p^2 \sin(k_m x)\sin(k_{m'}x)\right)\right)$$

$$(5\text{-}8)$$

式中，$m, n, p = 1, 3, 5, \cdots, (2l + 1), \cdots$。

当发射器位置和垂直路径在 $x = a/2$ 平面上时，它们之间的距离 r_y 由条件 $\dfrac{n\pi}{b} \geqslant 1$ 来决定，而在 $y = b/2$ 平面上时，由条件 $\dfrac{m\pi}{a} \geqslant 1$ 来决定。

如图 5.8（a）所示，$\left.\overline{\psi^2}\right|_z$ 与频率没有严格的关系。当沿 z 轴做声场平均时，只是消除了垂直方向上的干涉效应。水池的谐振频率具有多个，多数情况下它们很接近。所以，对一个谐振频率的修正系数可以覆盖另一个谐振频率。很显然，如果计算 $\left.\overline{\psi^2}\right|_z$ 值的谐振频率点与相邻谐振频率相差较大，那么可以把矢量接收器的校准简化为用标准声压水听器截取垂直剖面和用被校矢量接收器的通道截取两个剖面。

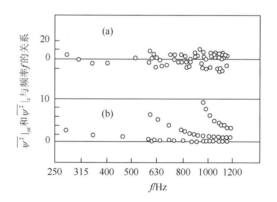

图 5.8　$a = 4\text{m}$，$b = 10\text{m}$，$H = 2.9\text{m}$ 水池中系数 $\psi^2|_z$ 与频率 f 的关系

（a）发射器坐标$(x_1 = a/2, y_1 = 2b/5, z_1 = H/2)$；路径$(x = a/2, y = b/2)$。（b）发射器坐标$(x_1 = a/2, y_1 = 2b/5, z_1 = H/2)$；纵向和垂直路径的切点位于 $x_1 = a/2$ 平面

根据两个坐标轴（x 和 y）对声场做平均可以确定修正系数的值。也可以根据一个坐标轴取平均进行计算，可以得出

$$\left.\overline{\psi^2}\right|_{yz} = \left(\sum_{m=1}^{M}\sum_{m'=1}^{M}\sum_{n=1}^{N}\sum_{p=1}^{P} k_{mnp}k_{m'n'p'}\right)\Bigg/\left(M^2 P\sum_{n=1}^{N} k_n^2 + M^2 N\sum_{p=1}^{P} k_p^2\right)^{-1}$$

式中，$m, n, p = 1, 3, 5, \cdots, (2l + 1), \cdots$。

图 5.8（b）中给出了计算结果。沿 y 轴和 z 轴对声场进行平均，可以消除纵

向和垂直方向的干涉效应，得到修正系数 $\psi^2|_{yz}$ 与频率的关系。这个关系只是由 m 阶模态来决定的。

这样，知道了水池谐振频率点上的修正系数，将发射器置于严格的中心位置，就可以通过标准声压水听器截取两个剖面，并用被校矢量接收器通道截取四个剖面来对矢量接收器进行校准。此时，被校通道平行于两个声场做平均的坐标轴。

如果按三个坐标轴对声场做平均，那么不难看出，修正系数 $\psi^2|_{xyz}$ 将等于 1。

当池壁是声学绝对软时，沿三个方向的声压平均值与振速分量的平均值之比为

$$\frac{\overline{P'^2}\big|_{xyz}}{\overline{V_x^2}\big|_{xyz}+\overline{V_y^2}\big|_{xyz}+\overline{V_z^2}\big|_{xyz}}=(\rho c)^2$$

这样，在校准矢量接收器时，通过一个或两个坐标轴取平均来确定灵敏度，要求计算或实验确定修正系数。后者需要借助灵敏度已知的矢量接收器和声压水听器。沿三个坐标轴取平均的方法更精确，但是这要求长时间校准，且坐标协调装置比较复杂。

以上介绍的矢量接收器校准方法的优点在于，可以在实验室条件下进行测量，不必去外场进行测量。同时不需要建立专门的测量装置：对于矢量接收器的校准可以利用现有的水声水池和常规的测量设备。

在浅水层，校准矢量接收器可以看成在非消声水池校准方法中的一个简单方法，在水层足以沿深度 H 对声场分量取平均，因此矢量接收器的校准应包括截取声压和振速分量的垂直剖面、计算修正系数 ψ^2，为此，需要知道底质的声学参数。下面详细分析这种方法。

1. 灵敏度的测量

对于平行平面具有阻抗下边界的水层，速度势可以写为

$$\Phi=-\frac{2\pi\mathrm{j}}{H}\sum_{n=1}^{\infty}\mathrm{H}_0^2(m_n r)\cdot\sin(l_n h)\sin(l_n z)\tag{5-9}$$

式中，$\mathrm{H}_0^2(m_n r)$ 表示零阶第二类汉克尔函数；H 表示水层深度；h 表示点声源布放深度；z 表示接收器布放深度；r 表示发射器与接收器之间的水平距离；n 表示简正波阶数；m_n 和 l_n 表示液体水层中波矢量 k 的水平与垂直复数分量。

长方形水池中的校准方法前面已经分析过，认为水层足以沿深度 H 对声场分量取平均，对于声场的平均分量比值可以写为

$$\frac{\overline{P'^2}\big|_H}{\overline{V_x^2}\big|_H+\overline{V_z^2}\big|_H}=(\rho c)^2\overline{\psi^2}\tag{5-10}$$

或（通过声场的势函数 Φ）：

$$\frac{\overline{(\partial \Phi / \partial t)^2}\big|_H}{\overline{(\partial \Phi / \partial x)^2}\big|_H + \overline{(\partial \Phi / \partial z)^2}\big|_H} = (\rho c)^2 \overline{\psi^2} \qquad (5\text{-}11)$$

可以根据已知的 m_n 和 l_n 计算修正系数 ψ^2，还必须知道底质的声学参数。如果利用 $m_n r \gg 1$ 条件下的汉克尔函数渐近展开式，可以简化 ψ^2 的计算。

在低频范围工作时，接收系统与声源之间的距离不应太远，因为水层中衰减增加，使信噪比和校准精度都变差。但是这里可以限定频率，该频率下水层中可以传播一个，最多两个简正波。此时，计算 ψ^2 相对容易些。

对于一个简正波，式（5-10）可以写为（$m_n r \gg 1$）：

$$\frac{\overline{P'^2}\big|_H}{\overline{V_x^2}\big|_H + \overline{V_z^2}\big|_H} = (\rho c)^2 \frac{k^2}{\dfrac{1}{4r^2} + \dfrac{m_n''}{r} + (m_n'')^2 + (l_n')^2 + (l_n'')^2} \qquad (5\text{-}12)$$

由式（5-11）可以看出，系数 ψ^2 与接收-发射距离有关，也与 m_n 和 l_n 有关，m_n 和 l_n 取决于频率和向海质泄漏的声能：

$$m_n = m_n' - \mathrm{j}\,m_n'', \qquad l_n = l_n' - \mathrm{j}\,l_n''$$

当水层中有多于 4 个简正波时，所对应的频率点上总是满足 $m_n r > 1$。这时式（5-9）可以写为

$$\Phi \approx \frac{2}{H}\sqrt{\frac{2\pi}{r}} \exp\!\left(\mathrm{j}\!\left(\omega t - \frac{\pi}{4}\right)\right) \cdot \sum_{n=1}^{n_s} m_n^{-1/2} \cdot \exp(-\mathrm{j} m_n r)\sin(l_n h)\sin(l_n z) \qquad (5\text{-}13)$$

式中，n_s 表示高阶行波，等于 $2H / \lambda$ 的整数部分。

在底层介质中，声速 c_1 小于水中声速 c 的均匀半空间液体中，垂直（l_n）和水平（m_n）波数为

$$l_n \approx \frac{n\pi}{H}\left(1 + \mathrm{j}\frac{\rho_1 c_1}{\omega \rho H}\right), \qquad m_n = \sqrt{k^2 - l_n^2}$$

式中，ρ_1、c_1 分别为底层介质中密度与声速的实部；ρ 表示液体的密度。

人们曾在深度为 6～8m、底部具有泥沙沉积层的淡水水库中进行了试验，在频率高于 500Hz 时，声压和振速分量的垂直分布接近正弦，即垂直波数的虚部很小且在式（5-13）中的因子可以忽略，但向底层介质声泄漏决定的 l_n 虚部一定要考虑。此时有

$$P'^2 = \frac{8\pi\omega\rho^2}{H^2 r}\left(\sum_{n=1}^{n_s} A_n^2 + 2\sum_{i=1}^{n_s}\sum_{k=1}^{n_s} A_i A_k \cos((m_i' - m_k')\,r)\right) \qquad (5\text{-}14)$$

$$V_x^2 = \frac{8\pi}{H^2 r}\left(\sum_{n=1}^{n_s} B_n^2 + 2\sum_{i=1}^{n_s}\sum_{k=1}^{n_s} B_i B_k \cos((m_i' - m_k')\,r)\right) \qquad (5\text{-}15)$$

$$V_z^2 = \frac{8\pi}{H^2 r}\left\{\sum_{n=1}^{n_s} C_n^2 + 2\sum_{i=1}^{n_s}\sum_{k=1}^{n_s} C_i C_k \cos((m_i' - m_k')\,r)\right\} \qquad (5\text{-}16)$$

式中，$i \neq k$；$A_n = m_n^{-1/2}\,\mathrm{e}^{-m_n''r}\sin(l_n h)\sin(l_n z)$；$B_n = m_n^{1/2}\,\mathrm{e}^{-m_n''r}\sin(l_n h)\sin(l_n z)$；$C_n = l_n m_n^{-1/2}\cdot$
$\mathrm{e}^{-m_n''r}\sin(l_n h)\cos(l_n z)$。

可以看出，式（5-14）～式（5-16）在 $r > \lambda$ 时才是正确的。

设 $l_n = \pi n / H$，沿水层深度 H 对式（5-14）～式（5-16）取平均，得到

$$\frac{\overline{P'^2}\big|_H}{\overline{V_x^2}\big|_H + \overline{V_z^2}\big|_H} = (\rho c)^2, \qquad \overline{\psi^2} = 1 \tag{5-17}$$

随着频率的提高和接收器布放距离的增加，$r \gg 1/m_n$，可以根据式（5-17）完成矢量接收器灵敏度的测量。

被校矢量接收器的灵敏度 G 由式（5-18）确定：

$$G = G_{0P}\sqrt{\frac{\overline{U_x^2}\big|_H + \overline{U_z^2}\big|_H}{\overline{U_P^2}\big|_H}} \tag{5-18}$$

式中，$\overline{U_x^2}\big|_H$ 和 $\overline{U_z^2}\big|_H$ 分别表示矢量接收器水平通道、垂直通道输出电压沿深度做平均的模；$\overline{U_P^2}\big|_H$ 表示声压水听器输出电压沿深度做平均的模；G_{0P} 表示声压水听器灵敏度。

式（5-18）是在 $Hf/c > (1.0 \sim 1.5)$ 条件成立的，即在球面修正可以忽略的情况下。在个别情况下，这个比值可以降低到 $0.4 \sim 0.5$。当 $Hf/c < 1.5$ 时，必须考虑 $\overline{\psi^2}\big|_H$ 不为 1 的情况。图 5.9 给出了水层 $H = 8\mathrm{m}$、均匀半空间底质的参数 $\rho_1 = 1.6\mathrm{g/cm^3}$ 和 $c_1 = 150\mathrm{m/s}$、水平发射-接收距离为 4m 和 8m 时 $\overline{\psi^2}\big|_H$ 与频率的关系。

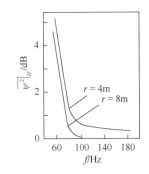

图 5.9　浅水中修正系数 $\overline{\psi^2}\big|_H$ 与频率的关系

如果已知底质参数，可以确定声压和一个振速分量的平均值。此时，为了将矢量接收器灵敏度修正到平面波条件下，必须计算相应的修正系数。当记录声压和振速水平分量时，可以根据式（5-19）来计算：

$$\overline{\psi^2}\big|_H = \frac{1}{(\rho c)^2}\frac{\overline{P^2}\big|_H}{\overline{V_x^2}\big|_H} = \left(\frac{\omega}{c}\right)^2 \cdot \frac{\displaystyle\sum_{n=1}^{n_s} m_n^{-1}\mathrm{e}^{-2m_n'r}\sin^2(l_n h)}{\displaystyle\sum_{n=1}^{n_s} m_n\mathrm{e}^{-2m_n''r}\sin^2(l_n h)} \tag{5-19}$$

式中，波数 $m = m_n' + \mathrm{j}m_n''$ 的虚部代表能量向底质的泄漏。

可以发现,在平面水层进行校准时,在水平方向上可以不限制接收器的直径,可以超过 $\lambda/15$,因为垂直方向上波长 $\lambda_v = 2H/n$,其中 $n = 1, 2, 3, \cdots$。

同时还发现,在矢量接收器校准时,利用式(5-18),当比值小于 $H/\lambda \approx 2.5$ 时,不用考虑修正,而当利用式(5-19)时,只是在 $H/\lambda < 0.4$ 时 G 才开始偏离真值。式(5-18)得到的灵敏度偏离真值的基本原因是声能向底质的泄漏。

在计算修正系数中,综合考虑各种误差,可以得到以下结论:如果水层深度测量误差小于 ± 0.2m、水中声速测量误差小于 ± 10m/s、底质中声速测量误差小于 ± 25m/s、发射-接收距离测量误差小于 $\pm 10\%$,那么校准误差可以保证在 0.3dB 以内。

2. 相位特性的测量

球形矢量接收器的相位特性是由外壳的尺寸和内部换能器的机械性能决定的,在平面声波情况下,矢量接收器相位特性的测量可以采用测量矢量接收器与声压水听器信号之间相位差的方法,同时后者的尺寸要远小于波长。为了提高测量精度,必须避开由矢量接收器外形尺寸造成的二次散射,尽量使二次散射达到最小。这样,在音频范围内,声接收器应布放在 $d > 4a$(a 为矢量接收器的直径)的距离上,才会将影响降低到最小。

也可以利用声压水听器作为标准,在水层中测量矢量接收器的相位特性。但是,这只是在较近的发射-接收距离情况下,此时声压与振速分量之间的相位差与传播条件有关,且大于实际的相位差。此时,很难解释由声传播造成的相位差,它与频率、布放深度、发射器和接收器所在的坐标位置有关。

计算表明:阻抗底质水层中,当距离 $r > 10\lambda$ 时,n 阶模态的相位差为 $\Delta\varphi(P, V) \equiv \Delta\varphi_{PV}$,可表示为

$$\Delta\varphi_{PV} = \frac{1}{2}\arctan\frac{\pi\rho_1 c_1 n^2}{\rho f H^3\left(k^2 - \left(\dfrac{\pi n}{H}\right)^2 + \left(\dfrac{\rho_1}{2\rho}\dfrac{c_1}{f}\dfrac{n}{H}\right)^2\right)} \qquad (5\text{-}20)$$

由式(5-20)可知,当水深 $H = 8$m、介质参数为 ρ_1 和 c_1 时,对于独立模态 n(除临界情况外),理论上可令相位差 $\Delta\varphi_{PV}$ 接近于零,即理论上说,如果建立了这样的水底模态,可以在平面水层中进行矢量接收器的相位校准。但是,此时距离 r 是在几千米的量级上,并且整个实施过程也是相当复杂的。如果在声接收器所在点处存在几个模态,那么相位差就不为零。表 5.2 给出了频率在 800~870Hz($r = 15$m)的相位差 $\Delta\varphi_{PV}$。

表 5.2　相位差 $\Delta\varphi_{PV}$

f/Hz	$\Delta\varphi_{PV}$ / (°)	f/Hz	$\Delta\varphi_{PV}$ / (°)	f/Hz	$\Delta\varphi_{PV}$ / (°)
800	−8	840	+ 1.5	860	+ 1.5
810	−5	850	+ 4	865	−2
820	−1.5	855	+ 16	870	−17

在浅水条件下，可以利用一只尺寸小于波长的标准声压梯度接收器进行矢量接收器相位特性的校准，其谐振频率要高于测量的上限频率。

如果要求相位校准的误差小于 4°，那么当标准声压梯度接收器谐振频率为 ω_0（对压电换能器的压电陶瓷）和 ω_0'（同振式接收器悬挂的谐振）时，不难确定测量的频率范围：上限频率 $\omega_B \approx 0.4\,\omega_0$ 和下限频率 $\omega_H \approx 3\,\omega_0'$。

在测量被校与标准接收器之间相位差的时候，为了使声场带来的误差减小到最小，必须将它们放在距发射器相同的距离上，并且布放深度也应相同。此外，最好将安装有矢量接收器的框架置于水平振速分量的波腹处。振速垂直分量相对于水平分量有 90° 的相移，在矢量接收器通道分辨力非理想情况下，不可避免地会导致相位差的跃变，这种跃变有可能会很大。

为了在水层中测量矢量接收器的相位差特性，被校通道应该位于水平平面，并围绕垂直轴旋转矢量接收器。在相位特性对称的情况下，当方位角 φ 分别为 0°、90°、180° 和 270° 时，相位差 $\Delta\varphi_{xy}$ 应该从 0 跳变到 180°。如果每个通道的幅度特性、相位特性都相同，那么除 $\varphi = 0°$、90°、180° 和 270° 等方位角以外，正交通道之间互相关系数的模等于 1。

3. 指向性的测量

方向特性和集中系数是无量纲的量，须在无限自由空间的远场采用实验的方法进行测量。两个或两个以上边界的存在会导致接收器所在点既有直达信号入射，也有由底部和水介质表面反射的信号的入射。在很多情况下，选择适当的矢量接收器布放位置和布放深度，可以创建接近自由场的条件。显然，在水层中，在水平平面确定了最大灵敏度轴向后，可以测量矢量接收器各个通道的指向性。采用这种方法很容易根据指向性最小值来评价通道的性能，最小值位置应该在 $\varphi = 90°$ 和 270° 的位置。

在测量指向性时，除了要合理选择发射-接收距离外，还应考虑它的空间取向，可以称为几何因子。

矢量接收器在空间的布放位置不准确，会导致接收器水平通道除了记录振速水平分量外，还记录了相应的垂直分量。还应指出，一般情况下，振速各个分量的相位彼此是不相等的，且与发射-接收距离、布放深度有着复杂的关系。

设矢量接收器的 Z' 轴在垂直平面相对于严格的垂直坐标轴 Z 旋转 α 角，而 Y' 轴与坐标 Y 轴重合。此时，接收器 X 通道输出端的总电压为

$$U_x(\varphi) = G_x V_x \cos\alpha\cos\theta\, \mathrm{e}^{\mathrm{j}(\varphi_x + \varphi'_x)} + G_z V_z \sin\alpha\, \mathrm{e}^{\mathrm{j}(\varphi_z + \varphi'_z)} \tag{5-21}$$

由式（5-21）可以看出，矢量接收器空间布放不准确，造成水平通道指向性产生测量误差。在接近 90° 和 270° 方位角时，这个误差比较明显，而理想情况下应为零。为了简化，取 $|V_x| = |V_z|$，$G_x = G_z$，把式（5-21）写为

$$|U_x| = \sqrt{\overline{U_x^2}} = G_x V_x \cdot ((|\cos\theta| \cdot \cos\alpha + \sin\alpha \cdot \cos\Delta\varphi_{pz})^2 + (\sin\alpha \cdot \sin\Delta\varphi_{xz})^2)^{1/2}$$

$$\tag{5-22}$$

式中，$\Delta\varphi_{xz} = \varphi_x - \varphi_z$ 表示由传播条件确定的相位差。根据式（5-22）计算不同 $\Delta\varphi_{xz}$ 时对应的矢量接收器指向性分辨力系数 K_D 如表 5.3 所示。

表 5.3　计算得到的分辨力系数 K_D

$\alpha/(°)$	K_D/dB		
	$\Delta\varphi = 0°$	$\Delta\varphi = 45°$	$\Delta\varphi = 90°$
0	∞	∞	∞
2	30	29	29
5	22	22	21
7	19	19	18
10	16	16	15

从表中可以看出，最小转角 α 时，分辨力系数最大。当 $\alpha = 5$ 时，已经较难使 K_D 大于 20dB。

实际当中，在介质中很难使矢量接收器的通道轴（特别是同振型）布放精度小于 2°，在这个精度下，应该认为矢量接收器通道的指向性是可以接受的，此时水层中测得的 $K_D > 18\mathrm{dB}$。

在浅水条件下进行试验时，当测量深度与波长可比时，必须认为垂直平面上存在干涉场结构。在这种情况下，只能围绕垂直轴旋转，在水平面测量矢量接收器各通道的指向性。此时，如果接收器尺寸小于空间干涉的特征长度，在平面水层中不存在由径向对称干涉场引起的输出效应。

但是，从测量方法的角度看，为了避免较大的误差，在指向性测量前应获取

声压场的垂直剖面，并将矢量接收器置于一定深度，在该深度下振速水平分量与垂直水平分量幅值相同。此时，接收器水平通道的指向性既与内部换能器质量有关，也与接收器结构的对称性有关。这种测量方法与在平面波中校准或在振动台上校准相比，要求更加严格，对评价矢量接收器质量也提供了更丰富的数据。应该注意，矢量接收器通道指向性的最小值应该由环境噪声水平来决定，在测量前应对环境噪声进行测量。当声场垂直干涉结构被"破坏"，并在某些频率以下对接收器所在位置不产生影响时，可以利用噪声源。如果在 1/3 倍频程范围进行测量，当深度 $H = 8\text{m}$ 时，可以工作到 600Hz。由于介质的频散特性，在更低频段又开始出现声场的垂直干涉结构。

表 5.4 给出了采用上述方法得到的直径 60mm 矢量接收器三个通道的分辨力特性。在接近自由场条件下（吸声腔）测得的分辨力系数，在整个工作频段上（8kHz以下）不小于 35dB。从表中可以看出，在高频段，指向性图中的凹点处达到 18～26dB，还是比较令人满意的。

表 5.4 矢量接收器三个通道的分辨力特性

f/kHz	K_{Dx}/dB	K_{Dy}/dB	K_{Dz}/dB	f/kHz	K_{Dx}/dB	K_{Dy}/dB	K_{Dz}/dB
0.6	12	11	10	4.0	25	26	25
1.0	15	14	16	5.0	27	24	26
1.2	18	16	19	6.3	25	23	23
1.6	18	20	21	8.0	18	19	17
2.0	20	21	22	10	15	16	16
2.5	23	23	23	12	16	18	17
3.15	25	25	23	16	15	17	14

随着频率的降低，分辨力系数逐渐减小。这与两个因素有关。第一，垂直平面开始出现声场干涉结构。因为没有改变接收器布放深度，此时 K_D 的减小，证明了接收器处于振速水平分量的最小值。第二，水平平面中接收系统的误差约为 2°时，原则上 K_D 不可能超过 20dB。

同振型声压梯度接收器内部的传感器实际上就是测量接收器壳体加速度的加速度计，因此，为了评价它们的性能可以利用振动台。显然，介质中具有中性浮力的矢量接收器，或置于土壤中测量地震的矢量接收器，它们接收到的振速可以认为与介质的振速相同，用振动台可以评价它们的加速度（位移或速度）灵敏度 G。否则，必须用实验或计算的方法得到 V_1/V_0。测量频率由振动台的工作频率决定，此时，在对振动台垂直于振动轴向方向上的位移应严格限制，这样才可以保证正确评价各通道的特性。RFT 公司和 B&K 公司生产的振动台就可以用来校准声接收器，加速度测量范围可以达到 1500m/s²。同振型矢量接收器各通道的校准最适合使用振动台，因为此时不用形成声场，这也适合地震用矢量接收器的校准，可以直接用振动速度或加速度单位来表示。

从保证测量精度的角度出发，在自由场平面波声场中对矢量接收器进行校准是最有效的。在低频段，当很难创建所需的自由场条件时，可以利用小体积腔——圆管。

不用求解波动方程，只给出刚性圆管条件下，圆管内产生谐和振动时可以实现平面行波，该平面行波以与频率无关的相速度 c 在管中传播。当管的内径 $a = d/2$、满足 $a < 0.16\lambda$ 时，形成平面波。

如果在管的一端放置发射换能器，另一端敞口，那么在水-空气界面上的阻抗近似为零，而产生的反射是全反射，见图 5.10（a）。当满足 $a < 0.16\lambda$ 时，在管中可以形成驻波，满足以下关系：

$$\begin{cases} P = P_0 \cdot \exp(j\omega t) \cdot \sin(kd)/\sin(kd_0) \\ \dfrac{\partial P}{\partial r} = P_0 \cdot \left(\dfrac{\omega}{c}\right) \cdot \exp(j\omega t) \cdot \cos(kd) / \sin(kd_0) \\ \xi = P_0 \cdot \left(\dfrac{1}{\rho c\omega}\right) \cdot \exp(j\omega t) \cdot \sin(kd) / \sin(kd_0) \\ \dot{\xi} = P_0 \cdot \left(\dfrac{j}{\rho c}\right) \cdot \exp(j\omega t) \cdot \sin(kd) / \sin(kd_0) \\ \ddot{\xi} = -P_0 \cdot \left(\dfrac{\omega}{\rho c}\right) \cdot \exp(j\omega t) \cdot \sin(kd) / \sin(kd_0) \end{cases} \tag{5-23}$$

式中，P_0 表示声压幅值；d 表示布放深度；d_0 表示液柱高度。

此时，有如下关系：

$$P / V = \rho c \tan(kd)$$

测量圆管中声压相邻波节之间的距离（假设矢量接收器直径远小于圆管内径），可以确定波数 k。类似地，也可以对封闭圆管中的水进行激励，使圆管与水作为一个整体运动 [图 5.10（b）]。在某些情况下，圆管的两端均放置发射器（如活塞式），调整发射器发射幅值，可以建立任意的一维声波。

如果现在激励某个声压幅值参数或振动加速度参数已知的声场，那么可以认为已准确地知道了声场的其他参数（振速、位移、声压梯度等）。因此，不难确定不同物理量下声接收器的灵敏度。

作为例子，分析一下图 5.10（b）。如果将声压梯度接收器置于圆管中心（$r = 0$，$V_r = V_0$），测量输出端电压 U_V，则自由场灵敏度为

$$G_{VP} = \frac{U_V}{\rho c V_0} = \frac{U_V \cos \dfrac{kL}{2}}{\rho c V_l}$$

圆管端部的振速 V_l 可以利用加速度计来测量。

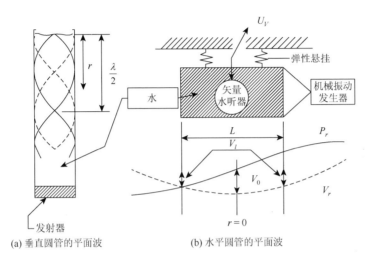

(a) 垂直圆管的平面波　　　　　(b) 水平圆管的平面波

图 5.10　垂直圆管和水平圆管中的平面波

5.2　矢量水听器的性能测试装置

　　美国的 Bauer 发表了第一篇关于声压梯度接收器校准问题的文章[6]，并建立了命名为 MARK-1 的声压梯度接收器校准装置。该装置是水平的、两端封闭的厚壁圆管 [图 5.10（b）]，采用机械振动台作为激励。

　　建立这种圆管的初衷是二维电动式声压梯度接收器校准的需要，该接收器用于无线电浮标 ANN/SSQ-53 中，文献[6]中没有给出装置的结构参数。而 Strasberg 等在 JASA 上发表的文章中没有给出详细描述，应该认为该装置可以对声压梯度接收器在垂直振速中进行校准，把液柱与圆柱体作为了一个整体[7]。

　　垂直圆管具有很多优点，它的空间声场具有更高阶的均匀性。这就可以实现绝对法校准声压梯度接收器，如加速度计或其他传感器可以直接安装在壳体上。

　　在 Bauer 的装置中，由于重力和圆管侧壁开孔（为了悬挂被校换能器），沿圆管直径的垂直方向上水介质的不均匀性破坏了声场的对称性。这是声场非均匀性增大的原因，并只可以采用置换法进行校准。

　　但是，实际上需要校准声接收器的水平通道，就必须对 Bauer 的装置加以完善。Bauer 又创建了装置 MARK-2 和 MARK-3[8]。

装置 MARK-2 质量接近 180kg，谐振频率为 600Hz，可以在 5～500Hz 频段对声压梯度接收器进行校准。

在改进的方案（MARK-3）中，引入了由两只声压水听器组成的反馈环节和差分放大器（图 5.11）。两只声压水听器距圆管中心的距离相等，而且从声压水听器输出的差值信号进入机械振动发生器的控制装置。整个系统以保证声压梯度 $\Delta P/\Delta X$ 是定值为目的，其中 ΔP 表示声压水听器所在点之间的声压差，测量的频率范围为 2～4000Hz。

经过最优改进后，在工作频带内，装置可以保证声压梯度误差不大于 1dB。向测量体积内准确放置声接收器，在 2～5Hz 范围内可以保证灵敏度的测量误差不大于 0.5dB。

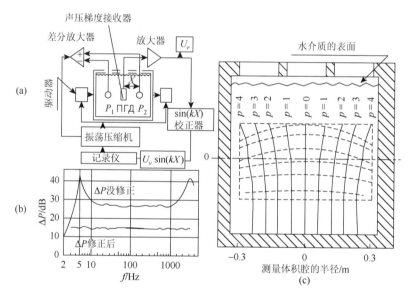

图 5.11　Bauer 改进后的声压梯度校准装置、频率特性及测量体积腔中声场的非均匀性
（a）改进后的声压梯度校准装置；（b）频率特性；（c）测量体积腔中声场的非均匀性

苏联首次声压梯度接收器的校准工作是在莫斯科大学物理系声学教研室的水声水池中进行的[5]，随后其他相关单位也开展了这项研究工作，其中包括在近岸的浅水水域的研究工作[9]。校准装置没有经过标定，实际上是用来研究声压梯度接收器的科研样机。

1986～1990 年，苏联曾研制了两套专门采用比较法、用于声压梯度接收器的校准装置，都是上端开口的垂直圆管，液柱中声波的激励是借助于镶在底部的压电陶瓷来完成的[10-12]。由于工作频率不同（2～1000Hz 和 1～10kHz），两套装置的尺寸不相同，被校声压梯度接收器的最大直径分别为 180mm 和 50mm。两套装置的误差均在 2dB 左右，可以作为二级计量设备。

1991 年在莫斯科大学研制了非标准装置 УВГ-1[13]，在垂直振动液柱中采用绝对法校准矢量接收器、声压水听器（图 5.12）。该项工作试图建立一套符合现代要求的、能准确对声压梯度接收器进行校准的装置，它包括敞口垂直圆柱腔体、声学仪器设备及模数转换器。腔体的基座是刚性活塞，借助电动激振器完成活塞的激励（图 5.13）。腔体内径为 0.4m，外径为 0.8m，高为 0.63m。

图 5.12　装置 УВГ-1 的照片

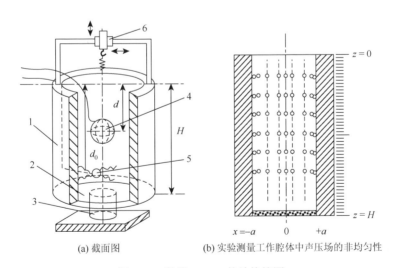

(a) 截面图　　　　　　　　(b) 实验测量工作腔体中声压场的非均匀性

图 5.13　装置 УВГ-1 的结构简图

1-腔体；2-刚性活塞；3-电动激励器；4-被校声接收器；5-反馈声压水听器；6-坐标装置

为了固定被校声接收器，在垂直方向和水平方向的移动是靠坐标装置来完成的。在深度 d（距底部约为 0.15m）处，借助弹性元件固定反馈声压水听器。从被校声接收器和反馈声压水听器输出的信号分别经过放大器 Y_1 和 Y_2（图 5.14）放大，然后进入窄带滤波器 Φ_1 和 Φ_2。

从反馈声压水听器输出的信号进入控制器 P，信号源的输出信号幅值，经功率放大器进入振动激励器。这可以保证任意频率点、指定深度中声压值 P_0 为常数。

从被校声接收器输出的信号可以用示波器记录，同时该信号又输入模数转换器，送入计算机进行信号处理。

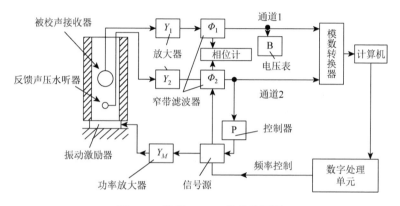

图 5.14　装置 УВГ-1 的系统框图

在低频段，由静水压波动引起的附加声压作用在声压水听器上，因此，在校准矢量接收器时，应引入修正因子：

$$K = \left(1 - \frac{g}{\omega^2 d}\right) \tag{5-24}$$

如果对反馈声压水听器进行校准，那么式（5-24）的修正因子必须考虑两次（被校声压水听器和反馈声压水听器）：

$$K = \left(1 - \frac{g}{\omega^2 d}\right)\left(1 - \frac{g}{\omega^2 d_0}\right) \tag{5-25}$$

将被校声压梯度接收器置于深度 d 处，并测量输出电压 U，可以得到灵敏度如下。

（1）等效于平面行波声压：

$$G = \frac{U}{P_3} = \frac{U}{P_0} \frac{\sin(kd)_0}{\cos(kd)} \tag{5-26}$$

（2）等效于振动加速度：

$$G = \frac{U}{\ddot{\xi}} = \frac{U}{P_0} \frac{\sin(kd_0)}{\cos(kd)} \frac{\rho c}{\omega} \tag{5-27}$$

（3）等效于振速：

$$G = \frac{U}{\dot{\xi}} = \frac{U}{P_0} \frac{\sin(kd_0)}{\cos(kd)} \cdot \rho c \tag{5-28}$$

深度 d_0 处声压的绝对值 P_0 由标准声压水听器测得。

这种矢量水听器的校准方法属于绝对校准，利用介质密度和声速，可以使声压梯度幅值、振速幅值、振动加速度幅值等声学量相互转化。

该装置的下限工作频率为 2Hz，当整个结构没有谐振时，上限频率由条件 $a < 0.61\lambda$ 来决定。

图 5.15 给出了圆管中某些频率上的声场垂直剖面，图中的曲线 1、2、3 分别对应 2Hz、100Hz、500Hz。可以看出，采用这种方法校准时，存在这样一个深度（图中的深度 Z），在该深度附近、在较宽频带内声压梯度与频率无关。

校准时，基本的系统误差包括以下几点。

（1）标准声压水听器校准误差 θ_0，利用该标准声压水听器对装置进行计量标定。该误差约为 12% 或 1dB。

（2）测量通道输出电压的测量误差 θ_U：

$$\theta_U^2 = \theta_A^2 + \theta_a^2 + \theta_V^2$$

式中，θ_A 表示集成放大器（Y_1 和 Y_2）的误差；θ_a 表示窄带滤波器（Φ_1 和 Φ_2）的幅频特性误差；θ_V 表示输出电压的测量误差。

（3）频率测量误差 θ_f，一般不超过 0.5%。

（4）声压有效值测量时，干扰造成的误差 θ_b。当信噪比为 6 时，这个误差不超过 1%。

（5）声接收器垂直坐标定位不准确造成的误差 θ_κ，它与声接收器的类型有关。

对于反馈声压水听器：

$$\theta_\kappa = \frac{k\,\Delta d}{\tan(kd)} \approx \frac{\Delta d}{d}$$

对于被校声压梯度接收器：

$$\theta_\kappa = k\,\Delta d \cdot \tan(kd) \approx (kd)^2 \cdot \frac{\Delta d}{d}$$

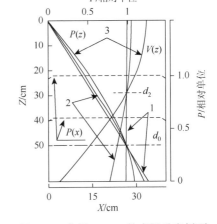

图 5.15　装置 УВГ-1 的声场垂直剖面

式中，k 表示波数；d 表示声接收器布放深度；Δd 表示深度测量误差。当被校声接收器位于圆管中心附近时，对于声压水听器和声压梯度接收器来说，这个误差分别不大于 3.5% 和 1.5%。

此外，还应考虑下列误差。

（1）声压或声压梯度不均匀性带来的误差。这里所指的不均匀性是指工作腔体中声波传播过程中受到了不应有的影响。

对于声压水听器来说，可以根据以下公式，按照坐标轴 j（$j = x, y, z$）来评价声压场的不均匀性。

对于矢量接收器来说，从声压梯度灵敏度工作原理的角度看，在计算误差时可以考虑声压梯度的非均匀性，有以下公式：

$$q_j = \max_i \left| \frac{(U_i - U_{i-1}) - (U_n - U_{n-1})}{U_0 \Delta r_j \cdot (n-2)} \right|$$

式中，U_i 和 U_0 分别为沿坐标轴 j 的第 i 点处及中心位置处接收器的输出电压；Δr_j 为沿 j 轴移动的步长。

测量的点数 n 应该这样选择：由 n 个点组成的总测量范围应覆盖被校声接收器的最大尺寸 R_{max}。

图 5.13（b）给出了试验得到的工作腔体中低频段声压的分布，水平等声压线（除接近圆管上表面的附近区域）的截面精度为 0.1dB 以内。比较图 5.13（b）和图 5.11（c）可以直观地看出垂直圆管的优点。

因此可以得出以下结论：

①声压场的非均匀性引起的误差不超过 3%；

②声压梯度场的非均匀性引起的误差不超过 1%，而被校声接收器置于圆管中心位置附近时，误差不超过 0.8%。

（2）与被校声接收器尺寸有关的误差。将每个坐标轴指定区域的声场展成泰勒级数，可以看到，该误差是由含有二阶导数的项决定的。在研究声压场时（针对装置 УВГ-1），可以很方便地利用公式来评价这种误差。

①对于声压水听器：

$$\theta_{M,j} = \left| \frac{(U_2 - U_1) - (U_n - U_{n-1})}{U_0 \Delta r_j \cdot (n-2)} \right| \cdot \frac{R_{max}}{6}$$

②对于矢量接收器：

$$\theta_{M,j} = \left| \frac{(U_3 - 2U_2 + U_1) - (U_n - 2U_{n-1} + U_{n-2})}{U_0 \Delta r_j^3 \cdot (n-3)} \right| \cdot \frac{R_{max}}{3\pi}$$

在导出这些公式时，假设被校声接收器是最大直径为 R_{max} 的球体。根据 УВГ-1 工作腔体中声场的分布进行计算，可以得出以下物理量：

①对于声压水听器，该误差为 1.5% 的量级；

②对于矢量接收器，该误差为 0.5%（矢量接收器最大直径为 230mm）。

（3）水中声速测量不精确引起的误差。工作腔体中的声速通常与自由场中声速略有不同，这与圆管的有限刚性侧壁有关。

　　为了在实验室条件下简单又方便地进行水听器校准，振动液柱法还有在此基础上改进的驻波管法被广泛地应用，它们都是利用声管中所产生的驻波场。美国的Schloss 等于 1962 年研究并利用振动液柱法对声压水听器进行了绝对校准[14]，图 5.16就是振动液柱法校准系统的原理和实物图。此系统用到的仪器设备包括振动台、加速度计和不锈钢管，再运用普通的实验室设备就可完成整个矢量水听器的灵敏度校准而且下限截止频率可达 20Hz。但由于圆管的形状，还有振动台的最大推力限制，声管内径不可能做得很大，因此对被测水听器的尺寸是有一定限制的。

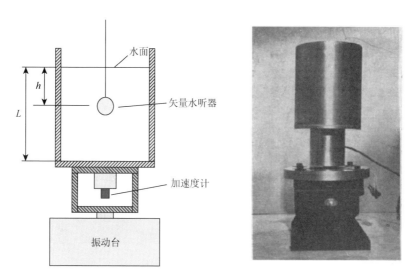

图 5.16　矢量水听器振动液柱法校准系统组成框图

　　目前我国广泛使用的是驻波管校准系统而且均为二级校准系统，即在驻波管中进行比较法校准，图 5.17 就是中国船舶重工集团公司第七一五研究所开发的驻波管校准系统[15]，其中振动台被固定放在声管最底端，振动台通过上下振动带动管内水柱振动从而形成驻波声场。此系统采用比较法对矢量水听器进行校准，该方法由于无须推动整个声管做振动，所以只用一般功率的振动台即可，从而更易于实现[16, 17]。

　　传统的驻波管校准系统都是用很厚的不锈钢圆管作为波导的，这种管壁的厚度在大于声管的内半径时，水与钢管交界处的声场边界条件可视为绝对硬。美国的 McConnell 等在传统驻波声管理论的基础上提出了一种利用弹性管壁校准水听器的方法，并利用该校准系统对其自行研制的一维声强探头进行了校准[18]。管底部的声源辐射出声波进入慢波管，并在水和空气界面处发生全反射从而形成驻波声场。弹性管壁使得声场内声波的速度显著减小，因而这种校准在国外被称为慢波管校准。

　　Lenhart 研制的慢波管校准装置是竖直方向的,里面充水外面是弹性管壁的一维波导,系统的实物如图 5.18 所示[19]。在声管底端采用的是 USRD J9 型声源,上端是空气与水的交接面,声管是有机玻璃壁,厚 0.64cm,高 1.22m,外直径 20.3cm,声源的活塞直径 7.5cm。声源辐射出来的声波进入慢波管,最终在水和空气界面处发生反射形成驻波,声场中声压和水质点的振速相位差始终保持在 90°。慢波管校准装置有结构简单、安装方便和节省实验室空间等优势,因此为驻波管的设计提供了新的思路。按照这种设计思想,哈尔滨工程大学研制了基于弹性薄壁管的两套矢量水听器校准装置(图 5.19),可在实验室对矢量水听器进行性能测试[20, 21]。

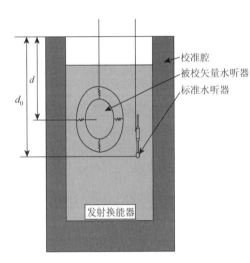

图 5.17　驻波管校准系统

图 5.18　慢波管校准装置实物图　　　图 5.19　基于弹性薄壁管的两套矢量水听器校准装置

参 考 文 献

[1]　Гордиенко В А. Векторно-фазовые Методы в Акустике[M]. Москва：ФИЗМАТЛИТ，2007.

[2]　Морз Ф. Колебания и звук[M]. Москва：ГИТЛ，1949.

[3]　Brouns A J. Second-order gradient noise-cancelling microphone[C]. IEEE International Conference on Acoustics，Speech，and Signal Processing，Atlanta，1981.

[4]　Боббер Р. Гидроакустические измерения[M]. Москва：Мир，1974.

[5]　Гончаренко Б И，Захаров Л Н，Романюк Б И. О методах градуировки векторного приемника[J]. Вестн.МГУ.Сер.3.Физика，Астрономия，1976，17（5）：529-535.

[6]　Bauer B B. Laboratory calibration for gradient hydrophone[J]. Journal of the Acoustical Society of America，1966，39：585-586.

[7]　Strasberg M，Schloss F. Hydrophone's calibration in vibration column of liquid[J]. Journal of the Acoustical Society of America，1963，34：958-960.

[8]　Bauer B B，Abbagnaro L A，Schumann J. Wide-range calibration system for pressure-gradient hydrophone[J]. Journal of the Acoustical Society of America，1972，51：1717-1724.

[9]　Бокун Л И，Киршов В А. Оценка погрещности градуировки векторного приемника в слое[J]. Измерит.техника，1983，5：65-67.

[10]　Иванов В Е，Киршов В А. Градуировка акустических векторных приемников[J]. Измерит.техника，1981，9：61-64.

[11]　Михайлов В В，Сайков Ю М，Чечин Г В. Градуировка приемников градиента давления в лабораторных условиях[M]. Москва：НПО ВНИИФТРИ，1989.

[12]　Ермилов Б И，Михайлов В В，Окиншевич И Н，et al. Автоматизированная установка для градуировки приемников градиента давления[M]. Москва：НПО ВНИИФТРИ，1990.

[13]　Гордиенко В А，Гордиенко Е Л，Дрыдиен А В，et al. Градуировка звукоприемников в вертикальном колеблющемся столбе жидкости абсолютным методом[J]. Акуст. журн，1994，40（2）：243-246.

[14]　Schloss F，Strasberg M. Hydrophone calibration in a vilbrating column of liquid[J]. Journal of the Acoustical Society of America，1962，34（7）：958-960.

[15]　中华人民共和国国家质量监督检验检疫总局,中国国家标准化管理委员会. 声学水听器低频校准方法（GB/T 4130—2017）[S]. 北京：中国标准出版社，2017.

[16]　费腾. 矢量水听器校准装置[J]. 声学技术，2004，（增刊）：290-291.

[17]　费腾，徐平. 矢量水听器的低频相位校准方法[J]. 声学与电子工程，2006，49：85-86.

[18]　Bastyr K J，Mc Connell J A. Development of a velocity gradient underwater acoustic intensity sensor[J]. Journal of the Acoustical Society of America，1999，106（6）：3178-3188.

[19]　Lenhart R D. Development of a standing-wave apparatus for calibrating acoustic vector sensors[D]. Austin：The University of Texas at Austin，2014：17-25.

[20]　马鑫. 低频矢量水听器慢波导校准方法的研究[D]. 哈尔滨：哈尔滨工程大学，2017.

[21]　段炼. 3-315Hz 矢量水听器低频校准装置研究[D]. 哈尔滨：哈尔滨工程大学，2020.

第6章 矢量水听器的工程应用

6.1 水下自由声场中矢量水听器的应用

6.1.1 单只矢量水听器

相对于声压水听器来说，振速传感器具有与频率无关的"8"字形自然指向性。在各向同性噪声场中，对于四输出分量的矢量传感器来说，其信号是完全相关的，而噪声是不相关的，通过声压和振速联合加权处理，可以进一步提高指向性增益。

指向性是衡量阵性能的基本量，阵指向性因子 D 在自由空间中可表示为

$$D = \frac{4\pi B(\theta_s, \varphi_s)}{\int_0^{2\pi} \int_0^{\pi} B(\theta, \varphi) \sin(\varphi) \mathrm{d}\varphi \mathrm{d}\theta} \qquad (6\text{-}1)$$

式中，φ 和 θ 分别为水平方位角和仰角；φ_s 和 θ_s 为旋转角；$B(\theta, \varphi)$ 为指向性函数。

矢量传感器同时测量空间一点处的质点振速的三个正交分量 $\{v_x, v_y, v_z\}$ 和声压 p，这时矢量传感器声压和振速加权合成之后的指向性函数为

$$B_{p+v}(\varphi, \theta) = (W_p + a(\varphi, \theta)W_x + b(\varphi, \theta)W_y + c(\theta)W_z)^2 \qquad (6\text{-}2)$$

式中，W_p、W_x、W_y、W_z 为声压和三个振速分量的加权值。

将式（6-2）代入式（6-1）中，经整理后，得四输出分量矢量传感器的指向性因子为

$$D_{p+v} = \frac{4\pi(W_p + a(\varphi_s, \theta_s)W_x + b(\varphi_s, \theta_s)W_y + c(\theta_s)W_z)^2}{4\pi\left(W_p^2 + \dfrac{1}{3}(W_x^2 + W_y^2 + W_z^2)\right)} \qquad (6\text{-}3)$$

各加权值为

$$W_p = 1 \qquad (6\text{-}4)$$

$$W_x = a(\varphi_s, \theta_s) \qquad (6\text{-}5)$$

$$W_y = b(\varphi_s, \theta_s) \qquad (6\text{-}6)$$

$$W_z = c(\theta_s) \qquad (6\text{-}7)$$

$a(\varphi_s, \theta_s)W_x + b(\varphi_s, \theta_s)W_y + c(\theta_s)W_z = V$ 表示将振速 v_x、v_y、v_z 进行 Givens 旋转[1]后的总振速，其方向指向信源方向。将上述的加权值代入式（6-3）中，得

$$D_{p+V} = 3 \qquad (6\text{-}8)$$

式（6-8）说明利用矢量传感器测得的质点振速的三个正交分量合成总的振速后与声压进行 $p+V$ 联合处理，在各向同性噪声场中能够获得的指向性增益为 $10\lg 3 = 4.8\,\text{dB}$。

为了使指向性因子 D_{p+V} 最大，不失一般性，令 $W_p = 1$，并求式（6-9）：

$$\frac{\partial D_{P+V}}{\partial W_x} = \frac{\partial D_{p+V}}{\partial W_y} = \frac{\partial D_{p+V}}{\partial W_z} = 0 \qquad (6\text{-}9)$$

求得

$$W_x = 3a(\varphi_s, \theta_s) \qquad (6\text{-}10)$$

$$W_y = 3b(\varphi_s, \theta_s) \qquad (6\text{-}11)$$

$$W_z = 3c(\varphi_s, \theta_s) \qquad (6\text{-}12)$$

按式（6-10）～式（6-12）得到的最优加权对声压和振速进行加权处理相当于 $p+3V$ 处理，将最优值代入式（6-3）中得

$$D_{\text{opt}(p+V)} = 4 \qquad (6\text{-}13)$$

因此，三维各向同性噪声场中，单个矢量传感器最大指向性增益为 $10\lg 4 = 6\,\text{dB}$。

图 6.1 给出了 $p+3V$ 加权时增益仿真结果，理论值为 $10\lg 4 = 6\,\text{dB}$。

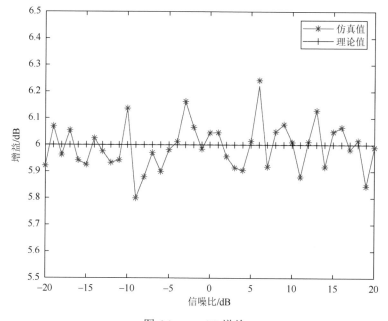

图 6.1　$p+3V$ 增益

四输出分量矢量传感器联合处理取不同加权值的指向性图见图 6.2 和图 6.3。

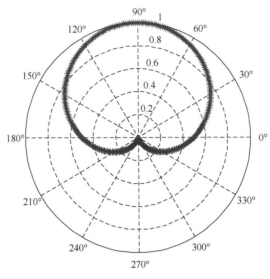

图 6.2　$p+V$ 指向性图

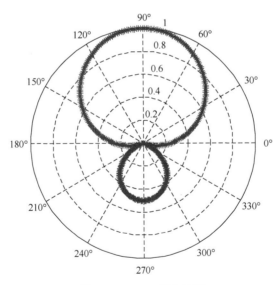

图 6.3　$p+3V$ 指向性图

由上面结果可以看出，声压振速联合处理时，$p+V$ 指向性图为心脏线（Cardioid），$p+3V$ 获得的波束更窄，获得了较大的指向性增益。

6.1.2　矢量水听器阵列

由 M 个矢量水听器组成的矢量线阵接收远场目标发射的窄带信号，矢量线阵的输出数据为

$$z(t) = As(t) + n(t) \tag{6-14}$$

波束形成器的输出为

$$y(t) = a^{\mathrm{H}}(\varphi_s, \theta_s)z(t) \tag{6-15}$$

式中，$a(\varphi_s, \theta_s) = [a_1(\varphi_s, \theta_s) \quad a_2(\varphi_s, \theta_s) \quad \cdots \quad a_M(\varphi_s, \theta_s)]^{\mathrm{T}}$ 称为波束扫描矢量；(φ_s, θ_s) 为波束指向角。波束形成矢量的每个元素为复数，其模表示对阵元输出信号的幅度加权，其辐角表示对阵元输出信号的相位延迟，对于窄带信号，相位延迟等效为时间延迟，波束形成器的输出功率为

$$f_B = y(t)y^{\mathrm{H}}(t) = a^{\mathrm{H}}(\varphi_s, \theta_s)z(t)z^{\mathrm{H}}(t)a(\varphi_s, \theta_s) \tag{6-16}$$

由于矢量阵元输出多个分量，可以采用不同的分量组合来进行波束形成，采用不同分量组合时 $z(t)$ 的形式不同，相应的扫描矢量形式也不同。

为了方便讨论，将矢量线阵的输出数据矩阵 Z 分开写为声压数据矩阵和振速数据矩阵，分别用 Z_p 和 Z_v 表示，具体形式为

$$Z_p = \begin{bmatrix} Z_{1p} \\ \vdots \\ Z_{Mp} \end{bmatrix} = \begin{bmatrix} p_1(t_1) & \cdots & p_1(t_N) \\ \vdots & & \vdots \\ p_M(t_1) & \cdots & p_M(t_N) \end{bmatrix} \tag{6-17}$$

$$Z_v = \begin{bmatrix} Z_{1v} \\ \vdots \\ Z_{Mv} \end{bmatrix} = \begin{bmatrix} v_{x1}(t_1) & v_{y1}(t_1) & v_{z1}(t_1) & \cdots & v_{x1}(t_N) & v_{y1}(t_N) & v_{z1}(t_N) \\ \vdots & \vdots & \vdots & & \vdots & \vdots & \vdots \\ v_{xM}(t_1) & v_{yM}(t_1) & v_{zM}(t_1) & \cdots & v_{xM}(t_N) & v_{yM}(t_N) & v_{zM}(t_N) \end{bmatrix} \tag{6-18}$$

采用不同分量进行波束形成时采用的阵扫描矢量是不同的。定义以下几种扫描矢量。

（1）声压扫描矢量：

$$a_p(\varphi_s, \theta_s) = [1 \quad \mathrm{e}^{\mathrm{j}2\pi d \cos\varphi_s \sin\theta_s} \quad \cdots \quad \mathrm{e}^{\mathrm{j}(M-1)2\pi d \cos\varphi_s \sin\theta_s}]^{\mathrm{T}} \tag{6-19}$$

（2）振速扫描矢量：

$$a_v(\varphi_s, \theta_s) = \begin{bmatrix} \begin{bmatrix} \cos\varphi_s \sin\theta_s \\ \sin\varphi_s \sin\theta_s \\ \cos\theta_s \end{bmatrix}^{\mathrm{T}} & \begin{bmatrix} \cos\varphi_s \sin\theta_s\, \mathrm{e}^{\mathrm{j}2\pi d \cos\varphi_s \sin\theta_s} \\ \sin\varphi_s \sin\theta_s\, \mathrm{e}^{\mathrm{j}2\pi d \cos\varphi_s \sin\theta_s} \\ \cos\theta_s\, \mathrm{e}^{\mathrm{j}2\pi d \cos\varphi_s \sin\theta_s} \end{bmatrix}^{\mathrm{T}} & \cdots & \begin{bmatrix} \cos\varphi_s \sin\theta_s\, \mathrm{e}^{\mathrm{j}(M-1)2\pi d \cos\varphi_s \sin\theta_s} \\ \sin\varphi_s \sin\theta_s\, \mathrm{e}^{\mathrm{j}(M-1)2\pi d \cos\varphi_s \sin\theta_s} \\ \cos\theta_s\, \mathrm{e}^{\mathrm{j}(M-1)2\pi d \cos\varphi_s \sin\theta_s} \end{bmatrix}^{\mathrm{T}} \end{bmatrix}^{\mathrm{T}} \tag{6-20}$$

（3）Cardioid 扫描矢量：

$$
\boldsymbol{a}_{\mathrm{Cardioid}}(\varphi_s,\theta_s)=\left[\begin{bmatrix}1\\\cos\varphi_s\sin\theta_s\\\sin\varphi_s\sin\theta_s\\\cos\theta_s\end{bmatrix}^{\mathrm{T}}\begin{bmatrix}e^{\mathrm{j}2\pi d\cos\varphi_s\sin\theta_s}\\\cos\varphi_s\sin\theta_s\,e^{\mathrm{j}2\pi d\cos\varphi_s\sin\theta_s}\\\sin\varphi_s\sin\theta_s\,e^{\mathrm{j}2\pi d\cos\varphi_s\sin\theta_s}\\\cos\theta_s\,e^{\mathrm{j}2\pi d\cos\varphi_s\sin\theta_s}\end{bmatrix}^{\mathrm{T}}\cdots\begin{bmatrix}e^{\mathrm{j}(M-1)2\pi d\cos\varphi_s\sin\theta_s}\\\cos\varphi_s\sin\theta_s\,e^{\mathrm{j}(M-1)2\pi d\cos\varphi_s\sin\theta_s}\\\sin\varphi_s\sin\theta_s\,e^{\mathrm{j}(M-1)2\pi d\cos\varphi_s\sin\theta_s}\\\cos\theta_s\,e^{\mathrm{j}(M-1)2\pi d\cos\varphi_s\sin\theta_s}\end{bmatrix}^{\mathrm{T}}\right]^{\mathrm{T}}
$$

$$\text{（6-21）}$$

以上各个输出分量组合的方式不用，可以产生不同的波束输出。

（1）声压波束形成输出功率为

$$
f_p(f,\varphi,\theta)=\boldsymbol{a}_p^{\mathrm{H}}(\varphi_s,\theta_s)\boldsymbol{Z}_p\boldsymbol{Z}_p^{\mathrm{H}}\boldsymbol{a}_p(\varphi_s,\theta_s) \tag{6-22}
$$

声压波束形成只利用了声压量，相当于声压阵的波束形成。

（2）振速波束形成：

$$
f_v(f,\varphi,\theta)=\boldsymbol{a}_v^{\mathrm{H}}(\varphi_s,\theta_s)\boldsymbol{Z}_v\boldsymbol{Z}_v^{\mathrm{H}}\boldsymbol{a}_v(\varphi_s,\theta_s) \tag{6-23}
$$

振速波束形成只利用了振速量，而没有利用声压信息。

（3）Cardioid 波束形成：

$$
f_{\mathrm{Cardioid}}(f,\varphi,\theta)=\boldsymbol{a}_{\mathrm{Cardioid}}^{\mathrm{H}}(\varphi_s,\theta_s)\boldsymbol{Z}\boldsymbol{Z}^{\mathrm{H}}\boldsymbol{a}_{\mathrm{Cardioid}}(\varphi_s,\theta_s) \tag{6-24}
$$

这种处理同时利用声压和振速信息，振速的量纲被归算为声压量纲，然后声压振速进行相加处理，因为单个矢量水听器的声压振速相加处理获得的指向性为心脏线（Cardioid），故将这种波束形成称为 Cardioid 波束形成。

（4）声强波束形成：

$$
f_{pv}=\boldsymbol{a}_p^{\mathrm{H}}(\varphi_s,\theta_s)\,\mathrm{Re}\{\boldsymbol{Z}_p(t)\boldsymbol{Z}_v^{\mathrm{H}}(t)\}\boldsymbol{a}_v(\varphi_s,\theta_s) \tag{6-25}
$$

声强波束形成是采用声压与振速进行相关处理的方法得到的，$\mathrm{Re}\{\cdot\}$ 表示取实部声强。

6.1.3　水下环境噪声的测量

为了方便叙述，除非特殊需要，我们不再区分矢量水听器与复合式矢量水听器，而把它们统称为矢量水听器。矢量水听器由声压水听器和质点振速水听器复合而成，声压水听器测量空间的声压，质点振速水听器测量声场中的质点振动速度，因此，矢量水听器共点、同步测量声场的声压标量和质点振速矢量。现代水声工程中应用的矢量水听器主要特点在于，在宽频带内保持恒定的偶极子指向性且具有高灵敏度和可靠性，这种偶极子指向性有别于传统声压水听器阵列的指向性，且是自然指向性，与接收声波的频率无关。矢量水听器可以空间共点、同步测量声场中的声压和质点振速信息，为建立新的水下声信号获取系统奠定了基础。

利用第 1 章介绍的声压和质点振速，可以得到声强：

$$I(r) = \langle p(r,t)V(r,t) \rangle \qquad (6\text{-}26)$$

式中，$\langle \cdot \rangle$ 表示时间平均。显然作为矢量，声强提供了声压不能提供的声场信息，这些额外信息使得在强干扰背景下检测弱信号成为可能，而且通过简单的三角运算可以对声源进行定向和测距。这种利用空间共点、同步、直接测量的质点振速和声压获得声强的方法称为 P-V 法声强测量。

为获取水下声信号，在利用矢量水听器进行外场试验时，应在海域中预先选择一个固定的测量点。接收系统通常可分为两类——坐底式接收系统和自由漂浮式接收系统。坐底式接收系统与海洋有关，其导流罩可以直接布放于海底或邻近海底（距海底 1.5～3.0m）或者布放在能使系统处于中性浮力的水层中（距离海底几百米）。

置于理想海洋环境中的声接收器将会记录声压的变化，这种变化不仅由声波引起，也由水流产生的涡流引起。由周围水流引起的声压脉动称为流噪声。稳定的水流自身不包含周期性的时间脉冲，但由于涡旋的形成，在接收系统上就形成了这种脉动。流噪声的谱分布在次声频到低频段（大约到 200Hz）。为消除流噪声对矢量水听器的影响，必须将矢量水听器放置于导流罩内。导流罩应该是透声的，在其内部水流的速度为零。

坐底式接收系统通常在近岸、深度不超过 300m 的海域中使用，此时流噪声就是坐底式接收系统遇到的主要困难，这种流噪声通常是由海底流或涨潮-落潮流引起的。此外，在近岸海域通常会出现密集的航船（捕鱼船和运输船），致使水下环境噪声的研究变得十分复杂。

自由漂浮式接收系统是与海洋表面密切相关的，系统与周围水质点一起运动，能在一定程度上减小流噪声的影响，而且这种运动并不影响对声信号的接收。对于接收系统来说，表面波动是与海面有关的、最基本的干扰，它对电缆产生很大影响（特别是当风速大于 10m/s 时），会使电缆抖动和拉伸。因此，在使用自由漂浮式接收系统时，一定要使电缆抖动的影响降到最低。

俄罗斯学者曾利用声压水听器、矢量水听器的坐底式接收系统和自由漂浮式接收系统（图 6.4）在日本海、萨哈林岛（库页岛）、堪察加半岛等海域的大陆架和深海处进行了声强测量，分析的频带多在 10～1000Hz，研究结果表明：与单水听器相比声强的信噪比可以提高 10～20dB。美国学者在加利福尼亚附近海域利用图 6.5 所示浮体和矢量水听器的准垂直线阵（图 6.6）测量水下次声，八个阵元以

150m 的间距垂直布放在 250～1300m 的深度上，分析频带 0.6～20Hz，结果表明：对于次声分量，声强信噪比的增益比单纯的声压测量高 3～6dB[1]。

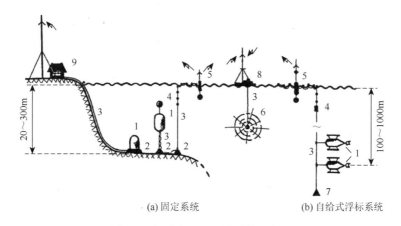

(a) 固定系统　　　　　　(b) 自给式浮标系统

图 6.4　矢量水听器测量系统示意图

1-测量体；2-锚；3-电缆；4-浮子；5-无线电浮标；6-发射声源；7-重物负载；8-试验船；9-岸站

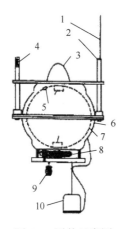

图 6.5　浮体示意图

1-天线；2-无线电发射机；3-环；4-灯；5-贯穿接头；6-外壳；7-内壳；8-前放；9-可释放重物；10-定位换能器

图 6.6　矢量水听器准垂直线阵示意图

1-姿态仪；2-矢量水听器

　　1998 年我国采用图 6.7 所示的系统进行了国内首次利用矢量水听器的湖上外场试验，检验了矢量水听器在信号检测、目标定位和跟踪等方面的性能，获得了国内关于矢量水听器外场实际应用的第一手资料。2000 年又采用图 6.8 所示的系统进行了矢量水听器的海上试验。

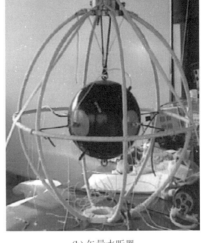

(a) 坐底式接收系统　　　　　　(b) 矢量水听器

图 6.7　矢量水听器湖试系统

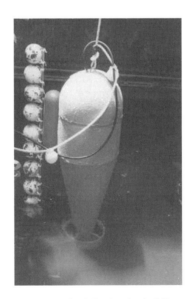

图 6.8　矢量水听器海试系统

　　根据水声工程研究的需要,可以利用矢量水听器组成阵列来获取水下声信号,从而解决一些常规方法所不能解决的问题。我国学者曾利用自主研制的矢量水听器组成了图 6.9～图 6.11 所示的矢量水听器阵列,并成功地进行了湖上试验和海上试验,均取得了满意的结果。

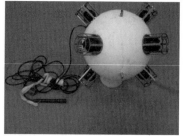

(a) 三元阵照片　　　　　　　　　　　　　(b) 三维矢量水听器阵元

图 6.9　三元矢量水听器阵列

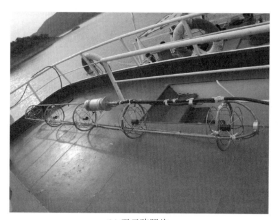

(a) 五元阵照片　　　　　　　　　　　　　(b) 二维矢量水听器阵元

图 6.10　五元矢量水听器阵列

(a) 八元阵照片　　　　　　　　　　　　　(b) 三维矢量水听器阵元

图 6.11　八元矢量水听器阵列

6.2　障板环境下矢量水听器的应用

在自由场条件下，相干源辐射远程声场的声压与振速是相关的，而对于各向同性噪声场，共点同步测量的声压与振速不相关。声压与振速的这种相关性差别，是矢量水听器进行联合信息处理的基础。矢量水听器同时获取了水下声场中声压标量和质点振速矢量，通过对水下介质质点振速信号与共点同步获取的声压信号的联合处理，能够很好地抑制各向同性背景噪声，准确获得水下目标辐射声强度矢量。海洋环境背景噪声中具有非相干分量，因此对水下声矢量信号的获取和处理为新型声呐接收信号信噪比的提高带来了明显优势，理论与海试结果均表明声呐作用距离明显提高[2, 3]。同时，由于传统的标量水听器需通过多个传感器组成声呐基阵来获得目标方位，所以传统的声呐基阵的体积均较大。而矢量水听器则不然，由于它能够直接获取目标的声强度矢量，通过计算水下声场中不同方向的声强度的比值可以简单地获取目标方位信息：

$$\hat{\theta}(t) = \arctan\left(\frac{I_y(\boldsymbol{r},t)}{I_x(\boldsymbol{r},t)}\right) \tag{6-27}$$

式中，$I_x(\boldsymbol{r},t)$、$I_y(\boldsymbol{r},t)$ 分别为水平平面两个正交方向上的声强度信息。

对于各向同性噪声场，不仅共点同步测量的声压与振速不相关，当阵元间距满足条件时，空间不同阵元上测得的声压与振速也是不相关的。当利用多个矢量水听器组成声呐基阵时，能够将矢量水听器的抗噪能力和阵列系统的空间分辨能力有机结合起来，进一步提高声呐系统的性能，获得比相同数目的声压阵更好的性能；或者在相同的性能指标要求下，能够显著地减小阵元数目。另外，和声压水听器相比，矢量水听器还具有和频率无关的低频指向性这个显著特点，这个优点在水声系统低频化发展的趋势下显得尤为突出，能够使得基于矢量水听器的声呐系统具有更好的低频适应性。由此可知，使用矢量水听器研制声呐可以更简单地获取目标的方位信息，避免复杂的设备，设备体积显著减小，船舶适装性明显提高。

矢量水听器的优良工作性能使人们在研究和发掘矢量水听器的使用范围时，自然地企求尽快把矢量水听器能在水面舰船和水下航行器上全面取代标量水听器。当矢量水听器安装于水面船舶和水下航行器等载体时，载体声学散射的影响会导致矢量水听器性能发挥受到极大影响。如何在水面和水下载体上应用，并且使得矢量水听器可以取得海上声呐浮标设备那样的良好效果，成为急需解决的一个难题。

基阵是声呐系统的重要组成部分，大多安装在水面舰艇、潜艇、鱼雷和水雷等水面和水下载体的壳体上。水面舰艇和潜艇等载体是一个非常复杂的结构体，其内部舱室、管路、局部结构等对入射声场具有强烈的散射作用，使得基阵中每个基元的接收信号发生改变，严重影响基元信号之间的相关性；同时，水面舰艇和潜艇等载体还是一个复杂的噪声源，包括螺旋桨噪声、机械噪声和水动力噪声。每种源所产生的声和振动，通过不同的路径到达声呐基阵，极大地影响了声呐系统的性能。为了提高声呐系统的抗干扰性能，工程中实际使用的声呐基阵一般都带有声障板。声障板作用是屏蔽或降低基阵载体的结构振动辐射噪声，均化局部声场，保证信号的空间相关性等。理论分析表明，声呐障板还有提高基阵信噪比、改善基阵方向性的作用。因此，声呐基阵往往都带有声呐障板。

6.2.1　典型声障板

　　为了尽可能减小环境自噪声的影响，声呐基阵往往安装于远离螺旋桨和主机的水面舰艇和潜艇的艏部。图 6.12 给出了水面舰船声呐、潜艇综合声呐以及潜艇舷侧阵声呐各自声呐基阵的组成和布放示意图。水面舰船的声呐基阵多数安装在舰艇艏部下方的球鼻艏内，基阵形式往往采用圆柱形声呐基阵，相应的声障板为圆柱形。潜艇的综合声呐基阵多数安装在艇体艏部，基阵形式往往采用圆柱形或球形声呐基阵，相应的声障板也为圆柱形或球形。之所以采用圆柱形或球形声呐基阵而不采用面阵，一是由于载体安装位置的几何形状，二是由于圆阵阵型能够提供的方位信息是 360° 全方位、无模糊的，而面阵只能提供 180° 无模糊的方位角信息，而且由方向图可知其空间分辨力在法线方向最高，而在端射方向最差，所以真正有效范围大约只有 120°。另外，航空吊放声呐、声呐浮标、岸基声呐基阵也可采用圆柱形或球形声呐基阵。为了适应声呐系统低频、大功率、大孔径基阵的发展需要，近年来发展了舷侧阵声呐，其声呐基阵紧贴在潜艇的两边舷侧上，阵的尺寸可达几十米，基阵形式采用线阵形式，其声障板为矩形平面障板。另外需要特别说明的是，在现行的浮标声呐等非水下移动平台基的声呐系统体系结构中，为了减小水下电子舱声散射对声呐系统的影响，往往将接收基阵和水下电子舱分开设计，导致系统尺度大，布放和回收极其不便。若将浮标声呐的接收基阵和电子舱一体化设计，将带来很大的优越性：一是在信号处理时将电子舱的声散射影响考虑在内，将声散射的影响完全消除；二是可以利用声障板提高基阵信噪比、改善基阵方向性的作用来提高系统性能；三是体系结构的变化带来工程使用的极大方便。

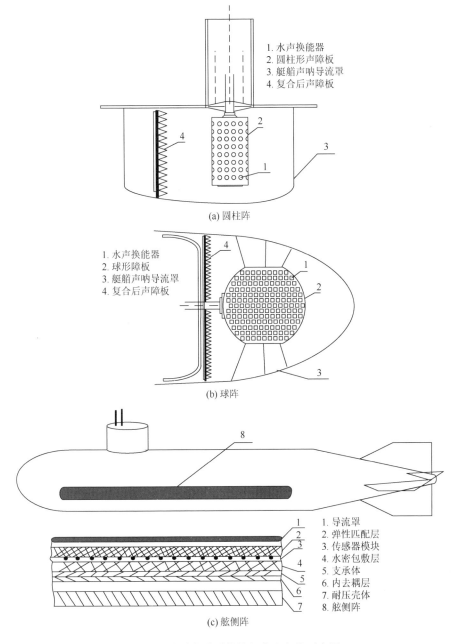

(a) 圆柱阵

1. 水声换能器
2. 圆柱形声障板
3. 艇艏声呐导流罩
4. 复合后声障板

(b) 球阵

1. 水声换能器
2. 球形障板
3. 艇艏声呐导流罩
4. 复合后声障板

(c) 舷侧阵

1. 导流罩
2. 弹性匹配层
3. 传感器模块
4. 水密包敷层
5. 支承体
6. 内去耦层
7. 耐压壳体
8. 舷侧阵

图 6.12　典型声呐系统的组成和布放示意图

从声学作用来看，障板可分为反声障板、吸声障板、阻尼降噪障板以及多功能橡胶模块等。声呐换能器及阵往往采用反声障板，理想的反声障板应当使入射声波 100%地被反射回去，这就需要声障板材料为失配型材料。工程中常常用闭孔泡沫塑料或泡沫橡胶作为反声材料，然而这些材料都不能负荷高流体静压力的作用，在深水中会变形，导致声呐系统性能下降，为了解决这个问题，可采用金属薄板焊接成空气腔做成反声障板，内部配以一定数量的加强筋增加障板的结构强度和耐压性能，封闭的空气腔和水阻抗严重失配，起着良好的去耦和反声作用。图 6.12 所示的三种典型声障板，在工程实际中，也常常采用内部密闭空气腔，外部以金属材料包覆这种形式。本节即介绍矢量水听器在矩形、圆柱形以及球形空气腔障板条件下的应用，具体来说，是研究矩形、圆柱形以及球形空气腔障板水下声散射及其近场矢量特性，以及相应障板条件下的矢量信号处理问题。

　　当矢量水听器安装于水面平台和水下载体时，由于声学散射的影响，声场不再满足自由场假设，会导致矢量水听器性能大为下降。如何在障板条件下应用，并且使得矢量水听器可以取得海上声呐浮标设备那样的良好效果，成为急需解决的一个难题。因此，应该深入了解在有障板条件下矢量水听器性能的变化情况，为障板条件下的声矢量信号处理提供一些基础数据。

6.2.2　有限障板对矢量水听器的影响

　　在有限障板下研究矢量水听器的接收性能，可归结为求解在有限障板下的声散射问题，可将有限元法和边界元法结合起来求解流固耦合的声散射问题。针对水下有限障板声散射对矢量水听器性能的影响问题，我们在消声水池中测量了弹性球壳、平面障板、弹性柱壳对矢量水听性能的影响，实验示意图如图 6.13 所示。

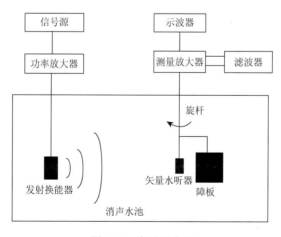

图 6.13　实验示意图

1. 弹性球壳对矢量水听器的影响测试

实验模型为外半径 0.11m、厚度 0.004m 的球壳；模型的材料为 45#钢；材料物理参数为：密度 $\rho = 7850\text{kg/m}^3$，泊松系数 $\sigma = 0.28$，弹性模量 $E = 2.1 \times 10^{11}\text{N/m}^2$。实验模型实物照片见图 6.14。图中矢量水听器被八根弹簧柔性地悬挂在金属框架内。矢量水听器安装在球壳前方，实验中将壳体与矢量水听器通过连接杆固定在一起，并通过吊杆安装在旋转装置上，矢量水听器的振速 y 通道指向壳体的中心处，且保证 y 轴方向与壳体的轴向在同一条直线上，矢量水听器的振速 x 通道沿壳体的切线方向，矢量水听器中心到壳体球心的距离测得约为 0.22m。发射换能器与带有障板的矢量水听器位于水下同一平面。

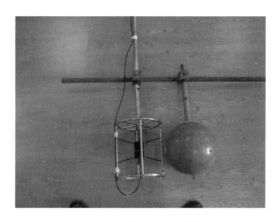

图 6.14 弹性球壳实验模型

实验得到的弹性球壳声衍射对矢量水听器的各振速通道和声压通道的指向性的影响如图 6.15 所示。

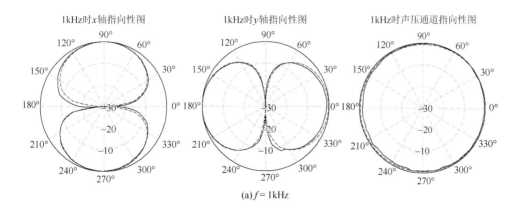

1kHz时x轴指向性图　　1kHz时y轴指向性图　　1kHz时声压通道指向性图

(a)f = 1kHz

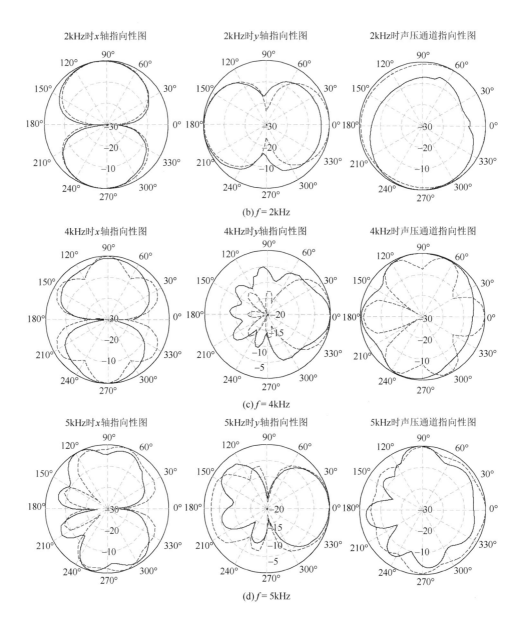

(b) $f = 2\text{kHz}$

(c) $f = 4\text{kHz}$

(d) $f = 5\text{kHz}$

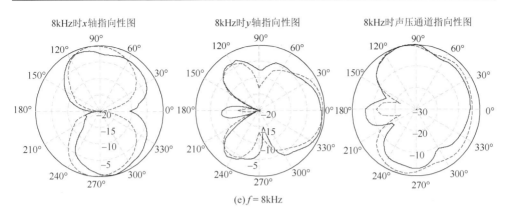

(e) $f = 8\text{kHz}$

图 6.15　弹性球壳声衍射对矢量水听器各振速和声压通道指向性的影响

实线、虚线分别表示实测和理论仿真的指向性图

从图 6.15 中可以看出理论仿真值和实际测试结果基本一致。由实验结果可知，矢量水听器的振速通道 x、y 和声压通道 p 的指向性的实测值与理论值吻合较好，只是在 4kHz、5kHz 两个频点实测值和理论有一定的偏差，但趋势是一致的。这是因为 4kHz、5kHz 这两个频点在弹性壳体的谐振频率附近，在壳体的共振频率范围内，由于壳体的二次辐射作用，壳体的衍射声场变化剧烈，起伏较大，对测试环境十分敏感，造成实测值和理论值不吻合。从实验结果还可以看出，弹性球壳衍射场对径向振速方向（y 轴）的接收指向性影响比较大，对切向振速方向（x 轴）的接收指向性影响比较小。

将矢量水听器和后障板结构看成一个整体，视为一个接收系统，可以测出该接收系统的自由场声压灵敏度，再与无障板情况下理论值进行比较，可以得到在障板影响下矢量水听器各通道灵敏度产生的偏差，如图 6.16 所示。

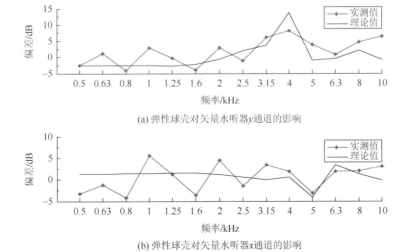

(a) 弹性球壳对矢量水听器 y 通道的影响

(b) 弹性球壳对矢量水听器 x 通道的影响

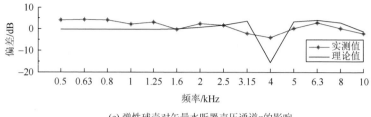

(c) 弹性球壳对矢量水听器声压通道 p 的影响

图 6.16 弹性球壳对矢量水听器各通道的自由场声压灵敏度的影响

结合理论值和实测分析可知，在低频段（2.5kHz 以下），由于弹性球壳的衍射影响较小，矢量水听器各通道灵敏度受到的影响不大，随着声波频率的升高，壳体衍射增强，灵敏度随着衍射声场的强弱起伏，在弹性壳体的谐振频率附近矢量水听器各通道灵敏度起伏较大。实测值与理论值在 500Hz～3.15kHz 频率范围内偏差较大，在 3.15kHz～10kHz 频率范围内偏差较小，原因可能是消声水池内在 3.15kHz 以上的频率才能较好地消声，在低频段消声效果不明显。

图 6.17 为在弹性球壳衍射影响下，实测的矢量水听器矢量通道与声压通道相位差随方位角的变化。在低频段，由于声衍射作用小，矢量通道与声压通道之间的相位差特性不受影响；在中频段，矢量通道与声压通道之间的相位差特性产生了偏差；在高频段（3.15kHz 以上），壳体声衍射作用较大，相位差特性也变得无序。

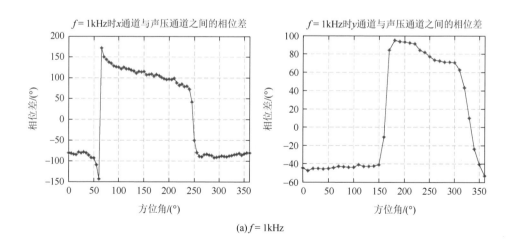

(a) f = 1kHz

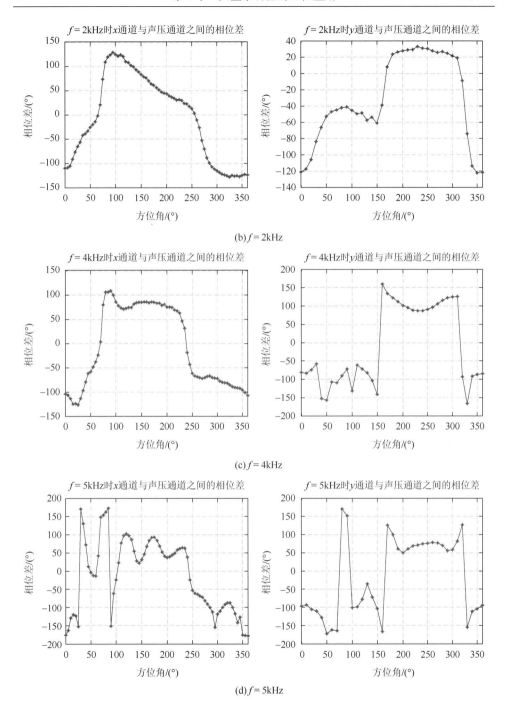

(b) $f = 2\text{kHz}$

(c) $f = 4\text{kHz}$

(d) $f = 5\text{kHz}$

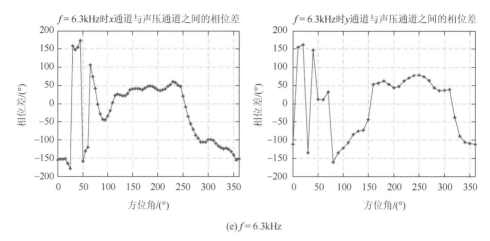

(e) $f = 6.3\text{kHz}$

图 6.17 弹性球壳影响下矢量通道与声压通道之间的相位差特性

综合分析，在弹性球壳衍射影响下，矢量水听器的指向性、灵敏度和各通道之间的相位差特性，理论仿真结果和实测值基本一致。从结果分析不难看出，在较低频段，由于声衍射作用小，矢量水听器的性能变化较小，随着频率的升高，壳体衍射作用越来越明显，矢量水听器的各项性能指标发生畸变。

2. 平面障板对矢量水听器的影响测试

实验模型为长 1m、宽 1m、厚度 0.005m 的方板；模型的材料为铝合金；材料物理参数为：密度 $\rho = 2700\text{kg/m}^3$，泊松系数 $\sigma = 0.34$，弹性模量 $E = 6.85 \times 10^{10}\text{N/m}^2$。实验模型见图 6.18，模型被安装在可以旋转的悬挂装置上。

图 6.18 平面障板实验模型

图 6.18 中矢量水听器被八根弹簧柔性地悬挂在金属框架内。矢量水听器安装在方板正前方；矢量水听器的振速 y 通道指向方板的中心处，且保证 y 轴方向与

方板的法线方向一致，矢量水听器的振速 x 轴与方板的法线方向垂直，矢量水听器中心到方板的距离测得为 0.15m；声源为平面波声源。

有限平面障板声衍射对矢量水听器的各振速通道和声压通道的指向性的影响如图 6.19 所示。

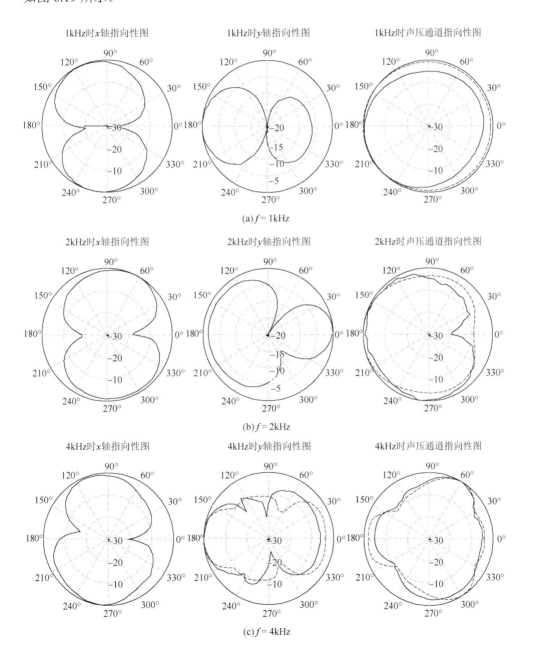

(a) f = 1kHz

(b) f = 2kHz

(c) f = 4kHz

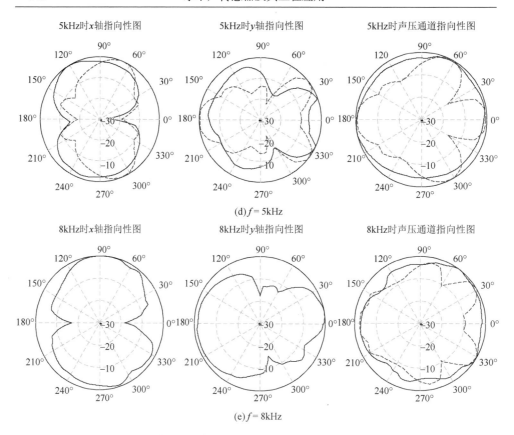

图 6.19　有限平面障板声衍射对矢量水听器各振速和声压通道指向性的影响

实线、虚线分别表示实测和理论仿真的指向性图

从图 6.19 中可以看出，理论仿真值和实际测试结果趋势基本一致。由实验结果可知，矢量水听器的振速通道 x、y 和声压通道 p 的指向性的实测值在 1kHz 附近实测值基本吻合，有限平面障板衍射场对径向振速方向（y 轴）的接收指向性影响比较大，对切向振速方向（x 轴）的接收指向性影响比较小。

图 6.20 为有限平面障板对矢量水听器各通道的自由场声压灵敏度产生的影响。从图中可以看出，实测值在 2.5kHz 以上的频率和理论吻合较好，在 2.5kHz 以下起伏较大，这可能与消声水池的消声效果有关。

图 6.21 所示为在有限平面障板衍射影响下，实测的矢量水听器矢量通道与声压通道相位差随方位角的变化。在障板的衍射作用下，其相位差特性发生了畸变。

实测和理论结果都显示，矢量水听器受有限平面障板影响较大，在 100Hz～10kHz 的频段内，其性能都受到了一定的影响。在 500Hz 以下时，由于平面障板在声波作用下发生共振，矢量水听器性能受到影响；在 500Hz 以上时，随着频率的升高，声波的波长减小，障板的散射作用增加，矢量水听器性能也受到影响。

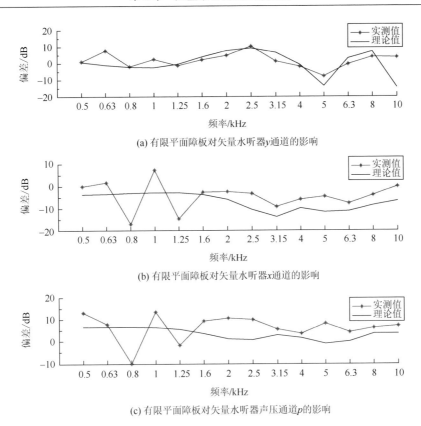

(a) 有限平面障板对矢量水听器 y 通道的影响

(b) 有限平面障板对矢量水听器 x 通道的影响

(c) 有限平面障板对矢量水听器声压通道 p 的影响

图 6.20　有限平面障板对矢量水听器各通道的自由场声压灵敏度的影响

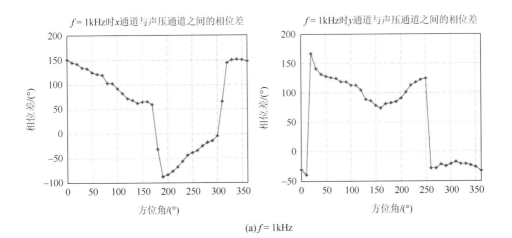

(a) f = 1kHz

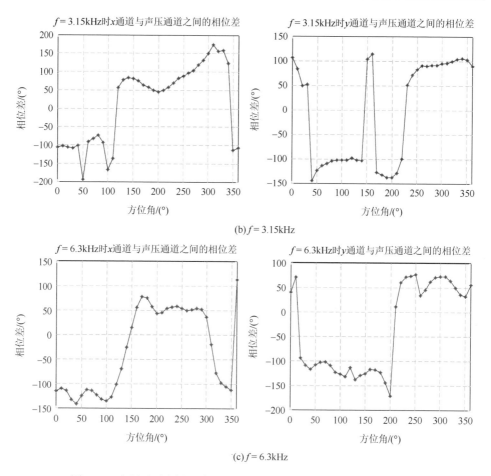

(b) $f = 3.15\text{kHz}$

(c) $f = 6.3\text{kHz}$

图 6.21　有限平面障板影响下矢量通道与声压通道之间的相位差特性

3. 弹性柱壳对矢量水听器的影响测试

实验模型为外直径 0.3m、长 0.53m、厚 0.08m 的圆柱壳，前盖板直径 0.33m、厚 0.017m；模型的材料为铝合金；材料物理参数为：密度 $\rho = 2700\text{kg/m}^3$，泊松系数 $\sigma = 0.34$，弹性模量 $E = 6.85 \times 10^{10}\text{N/m}^2$。在仿真中忽略了壳体内部的肋和悬挂装置的影响。实验模型实物照片见图 6.22，图中实验模型被安装在可以旋转的悬挂装置上。

图 6.22 中矢量水听器被八根弹簧柔性地悬挂在金属框架内。矢量水听器安装在圆柱壳正前方；矢量水听器的振速 y 通道指向圆柱壳前盖板的中心处，且保证 y 轴方向与前盖板的法线方向一致，矢量水听器的振速 x 轴与前盖板的法线方向垂直，矢量水听器中心到前盖板的距离测得为 0.135m；声源为平面波声源，且在矢量水听器的 x 轴、y 轴所在平面内。

图 6.22　弹性柱壳实验模型

　　弹性柱壳声衍射对矢量水听器各振速通道和声压通道指向性的影响如图 6.23 所示。

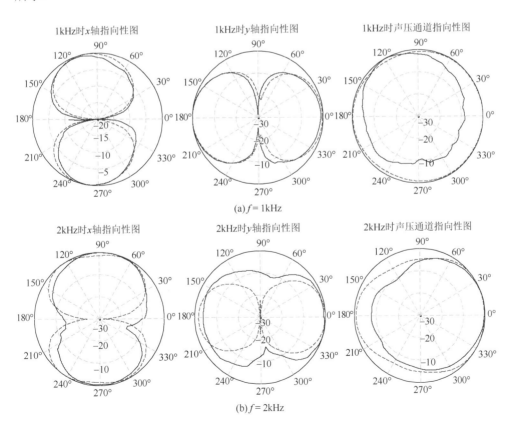

(a) $f = 1\text{kHz}$

(b) $f = 2\text{kHz}$

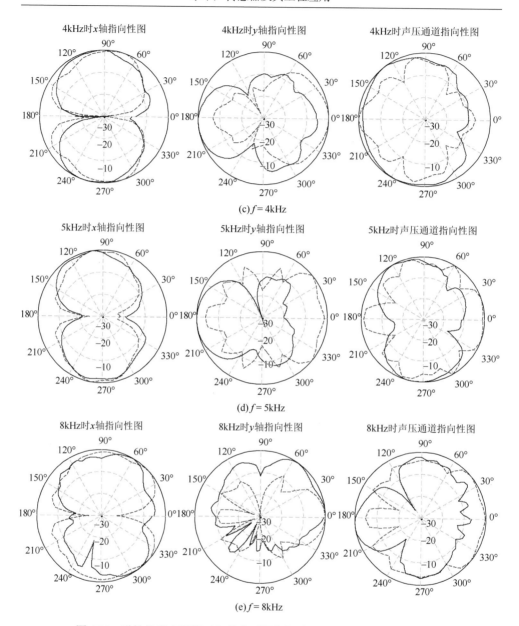

图 6.23　弹性柱壳声衍射对矢量水听器各振速和声压通道指向性的影响
实线、虚线分别表示实测和理论仿真的指向性图

图 6.23 给出了不同频率下弹性柱壳声衍射对矢量水听器各振速和声压通道指向性的影响的理论仿真值和实测值，实际测试结果与理论仿真图的基本趋势一致。

　　测得的弹性柱壳声衍射对矢量水听器各振速通道和声压通道的灵敏度如图 6.24 所示。

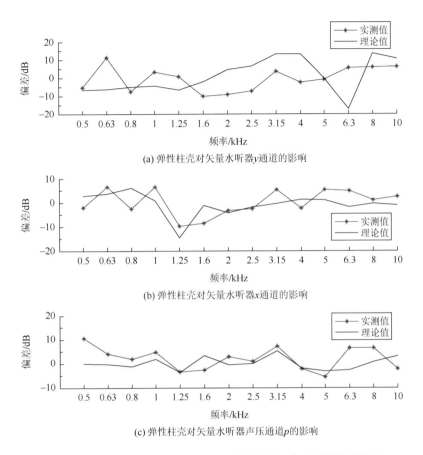

(a) 弹性柱壳对矢量水听器 y 通道的影响

(b) 弹性柱壳对矢量水听器 x 通道的影响

(c) 弹性柱壳对矢量水听器声压通道 p 的影响

图 6.24　弹性柱壳对矢量水听器各通道的自由场声压灵敏度的影响

　　实测和理论结果都显示，矢量水听器受弹性柱壳影响很大，其指向性和灵敏度特性都受到了较大的影响。在低频段，由于弹性柱壳在声波作用下发生共振，矢量水听器性能受到影响，随着频率的升高，声波的波长减小，柱体的散射作用增加，矢量水听器性能也受到影响。

　　图 6.25 所示为在弹性柱壳衍射影响下，实测的矢量水听器矢量通道与声压通道之间的相位差特性。从图中可以看出，在障板的衍射作用下，其相位差特性发生了畸变，频率越高畸变越严重。

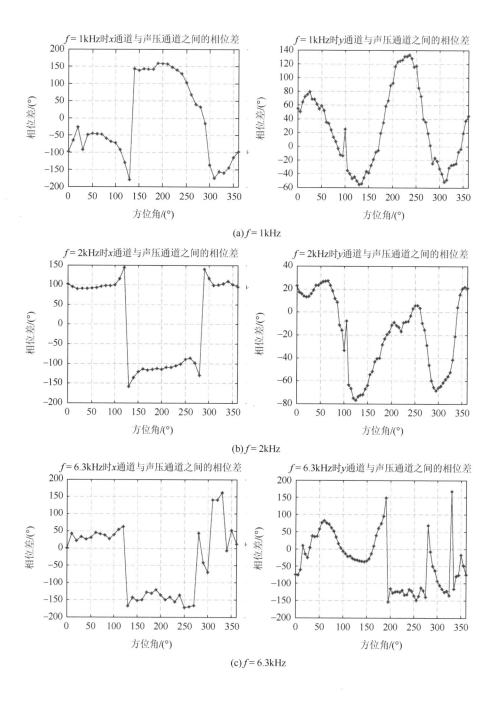

(a) $f = 1\text{kHz}$

(b) $f = 2\text{kHz}$

(c) $f = 6.3\text{kHz}$

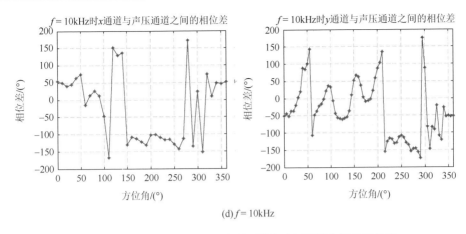

(d) $f = 10\text{kHz}$

图 6.25　弹性柱壳衍射影响下矢量通道与声压通道之间的相位差

综上，分析了弹性球壳、有限平面障板和弹性柱壳对矢量水听器指向性、灵敏度和各通道相位差特性的影响，实验结果和理论仿真基本一致，为进一步研究矢量水听器在有限安装平台中的应用提供了新的研究手段。

6.2.3　圆柱形障板下矢量水听器的应用

以舰船上典型声呐设备障板——圆柱形障板为模型，研究圆柱形障板水下声散射近场矢量特性以及矢量水听器在圆柱形障板下相应的信号处理方法，可以构建圆柱形空气腔障板下矢量圆阵（图 6.26），并在湖上检验了矢量圆阵的检测、定

(a) 矢量水听器

(b) 矢量圆阵

图 6.26　圆柱形障板下的矢量圆阵

位及跟踪能力。图 6.27 给出了声压圆阵和矢量圆阵经过信号处理后的结果,矢量圆阵的输出背景较声压圆阵的输出背景低,说明矢量圆阵具有良好的抗噪能力。图 6.28 给出了声压圆阵和矢量圆阵的目标方位历程图,由于矢量圆阵利用了组合指向性增益和各向同性噪声背景声压振速的不相关性,相比声压圆阵的处理增益更高、测向分辨力更高,因此时间方位历程图背景更低,目标轨迹更清晰。

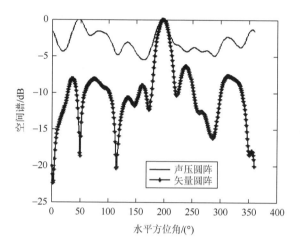

图 6.27　声压圆阵和矢量圆阵的输出结果

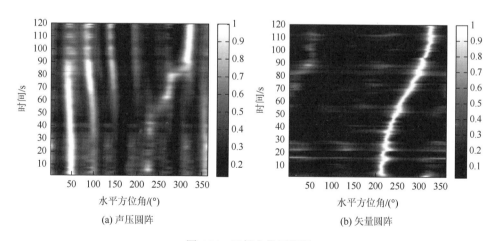

(a) 声压圆阵　　　　　　　　　　　　(b) 矢量圆阵

图 6.28　目标方位历程图

6.3　矢量水听器在航空声呐浮标中的应用

航空声呐浮标装备于反潜巡逻机、反潜直升机和某些水上飞机上,均为无线电声呐浮标，属一次使用的消耗性器材。其外形呈圆柱形，顶部有可分离的旋叶和天线护罩，壳体内安装有可折叠的伞状天线、超高频无线电发射机、声信号放大器、声呐基阵、电池和浮标自沉装置等。航空声呐浮标作为一种探测水下声学目标的浮标式声呐，是航空探潜中最常用的探潜器材，和机载信号接收、处理设备共同组成浮标声呐系统。航空声呐浮标分为定向式和非定向式，非定向式声呐浮标的声呐基阵没有指向性，工作于被动方式的只能获知在浮标附近有潜艇存在，工作于主动方式的可测得距离。定向式声呐浮标的声呐基阵具有指向性，并以一定速度进行水平扫描，方位罗盘和振荡器同时给出方位信息，工作于被动方式的可测得潜艇噪声方位，工作于主动方式的可测得目标的方位和距离。航空声呐浮标属于一次性消耗器材，一般由两大部分组成：上部为浮体结构，主要包括气囊，高频发射天线，信号处理、控制电子设备与无线电发射机，海水电池等；水下部分主要由声接收器、电缆以及减振等装置组成。航空声呐浮标体积小、质量轻，便于飞机大量携带，除了海洋噪声外不存在其他噪声干扰。为充分利用水文条件可以把水听器下放到最佳工作深度，而且其隐蔽性较好，可以配合反潜机进行大面积、高效率探测[4]。图 6.29 给出了美国海军 SSQ-53 系列中 B、D、F 三型声呐浮标的内部结构。SSQ-53D 浮标中使用了同振型矢量接收器（图 6.30 和图 6.31）。

(a) SSQ-53B　　　　　　　　(b) SSQ-53D　　　　　　　　(c) SSQ-53F

图 6.29　AN/SSQ-53 系列声呐浮标

哈尔滨工程大学研制了用于航空声呐浮标的二维复合同振型矢量水听器[5]，该水听器由一只声压水听器、一只二维压电加速度计、一只双轴磁罗经传感器、一块信号调理电路板，以及一只由柱壳和扁椭球壳构成的金属密封外壳组成（图 6.32），整体尺寸为直径 80mm、高 100mm，平均密度 1.34g/cm³，设计工作频带 5～2500Hz。其中，声压水听器在水中的共振频率为 8kHz，声压灵敏度−157dB（0dB re 1V/μPa，带前放增益 41.6dB）；压电加速度计在空气中的共振频率为 7.5kHz，对应声压灵敏度级分别为−166dB 和−167dB（0dB re 1V/μPa，100Hz，带

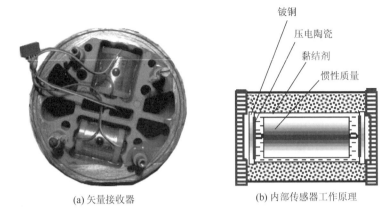

(a) 矢量接收器   (b) 内部传感器工作原理

图 6.30   AN/SSQ-53D 中的矢量接收器及内部传感器工作原理

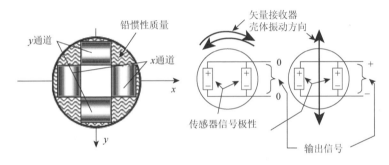

图 6.31   AN/SSQ-53D 中的声压梯度接收器及其工作原理

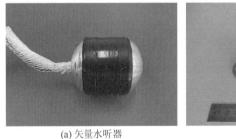

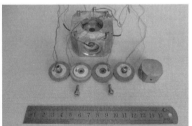

(a) 矢量水听器   (b) 内部传感器

图 6.32   二维复合同振型矢量水听器及内部传感器

前放增益 40dB）；磁罗经由磁阻传感器 HMC1022 构成，方位测量精度保持在 1°范围内；信号调理电路用来实现对传感器输出信号的放大和滤波。

6.4　矢量水听器垂直线阵在水下辐射噪声测量中的应用

　　垂直阵测量法是指采用单条或多条垂直于海面的水声换能器阵列进行水下辐射噪声测量。哈尔滨工程大学提出了一种基于垂直线阵的水下辐射噪声测量方法，研制了图 6.33（a）所示的矢量水听器基元，并采用嵌套阵的布阵方式构建了图 6.33（b）所示的矢量水听器垂直阵列。海上实验结果表明，对小于 10kHz 频率进行波束形成，对比分析了声压阵、矢量垂直线阵的仿生复耳波束形成算法和传统波束形成方法的实验结果。图 6.34 给出了传统方法和复耳法矢量线阵波束图，其中图 6.34（a）～（d）对应频率分别为 0.5kHz、1kHz、2kHz、4kHz。从图 6.34 中可以看出，传统方法和复耳矢量垂直线阵无左右舷模糊；而且与传统声压/矢量垂直线阵相比，声压/矢量复耳波束形成方法具有更窄的波束宽度和更低的旁瓣级[6]。

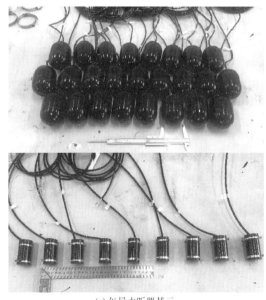

(a) 矢量水听器基元　　　　　　　　　　(b) 矢量水听器垂直阵列

图 6.33　矢量水听器基元及矢量水听器垂直阵列

　　由图 6.34 可以看出，随着频率的增高，声压阵和矢量阵主瓣宽度趋于一致，虽然在高频处矢量水听器在主瓣作用较小，但是指向性增益结果表明，在同等条件矢量阵相比声压阵具有明显的指向性增益优势，验证了矢量阵对波束形成中旁瓣的抑制能力，这为自由场环境下应用垂直阵列进行舰艇辐射噪声测量的提供了一定的实验基础和指导，进而达到提高舰艇辐射噪声测量能力的目的。

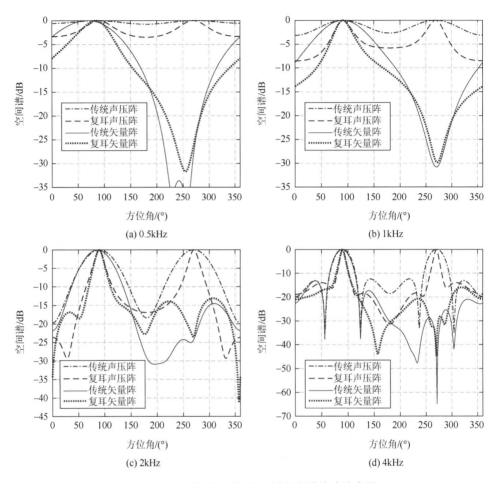

图 6.34　基于传统方法和复耳法的矢量线阵波束图

6.5　矢量水听器在油气生产系统中的应用

深海油气田水下生产系统要在低温高压的深海环境中工作，并且系统庞杂，主要由水下井口、水下采油树、水下控制系统、水下多功能管汇等多种复杂水下结构物组成（图 6.35）。水面过往的各类船只、水下潜器、海洋生物等误闯海洋油气"生产重地"都会干扰影响生产系统的正常运行。利用矢量水听器构建的我国首个水下油气生产环境长期监视系统和国际首创的水下声矢量监测系统如图 6.36（a）所示，图 6.36（b）所示为水下声矢量监测系统在石油管汇上的应用，利用该系统可实现全天 24h 海面与海下的实时安全监测，有效弥补了深水水下生产系统的监测盲区。水下声矢量监测系统作为深水水下生产系统的重要组成部分，其主要功能是对深水水下生产系统进行全天候实时安全监测，为深水水下生产系统的安全生产提供保障。

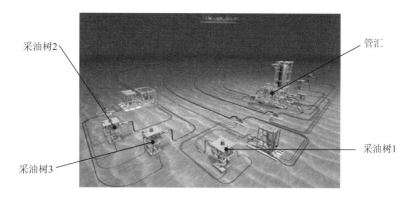

图 6.35　水下生产系统示意图

(a) 水下声矢量监测系统　　　　　　　　　(b) 在石油管汇上的应用

图 6.36　水下声矢量监测系统及其在石油管汇上的应用

参 考 文 献

[1]　Щуров В А. Векторная Акустика Океана[M]. Владивосток：Дальнаука，2003.

[2]　惠俊英，惠娟. 矢量信号处理基础[M]. 北京：国防工业出版社，2009.

[3]　朱中锐. 声呐障板下矢量水听器应用引论[M]. 哈尔滨：哈尔滨工程大学出版社，2015.

[4]　孙明太. 航空反潜概论[M]. 北京：国防工业出版社，1998.

[5]　周宏坤. 航空声呐浮标用矢量水听器及其悬挂技术研究[D]. 哈尔滨：哈尔滨工程大学，2016.

[6]　桂晨阳. 目标辐射噪声测量矢量锥形阵成阵及恒定束宽波束形成[D]. 哈尔滨：哈尔滨工程大学，2021.

第7章　高指向性矢量水听器

　　水声接收器的指向性是水下声系统一个非常重要的指标，直接决定了声呐系统的分辨精度。常规声基阵的指向性受到自身孔径的限制，如何在保持自身尺寸不变的情况下提高声接收器的指向性，成为目前需要解决的问题。组合式声接收器以声场泰勒级数展开为基础，通过获得声场中高阶声学量来提高指向性。本章将多阶声传感器的理论扩展到二阶，分析零阶和一阶、二阶声学量间的相互关系及所对应的各阶传感器的指向性的特点。声场高阶梯度量不能直接测量，一般通过声场低阶量有限差分近似的方法得到，本章将重点分析有限差分近似误差对组合式声接收器测量的影响。

7.1　发　展　概　况

　　理论上，单只组合式声接收器就能描绘自身周围某一区域的声场，并利用获得的高阶声学量来提高自身指向性。一只完整的组合式声接收器（包括零阶、一阶及二阶）有十个通道，由一只标量水听器、一只三分量矢量水听器和一只六分量的二阶并矢量水听器组成。将组合式声接收器输出的零阶、一阶和二阶量信号作适当加权处理，可以得到一个波束宽度较窄、增益较高的心形指向性，其应用前景广阔。因此，将组合式声接收器应用于现有接收基阵中，就可以较大地提高基阵的增益，并且保持基阵自身尺寸不变。

　　高阶声传感器的概念最早于 1994 年由 D'Spain 提出，他指出了声场通过泰勒级数展开的各阶项与声压以及质点振速之间的关系，并且提出利用声压二阶导数量提高水下声基阵指向性的想法[1]。

　　2001 年，McConnell 等发明了一种 u-u 水下声强探头[2,3]，见图 7.1。该声强探头的原理是利用有限差分近似估计质点振速梯度来获得声压量。实验表明，这种声强探头和 p-u 声强探头的实验测试结果相接近，从而证明这种方法具有一定的可行性。

　　同年，Silvia 等通过多通道滤波的概念和泰勒级数各阶项的关系，引入并研究了二阶声传感器。Silvia 发表了关于二阶声并矢量传感器理论和实验研究的相关报告，文中详细介绍了声并矢量传感器的原理和设计方法，成功制作了一只声并矢量传感器[4]，并在塞内加湖上进行了相关实验，如图 7.2 所示。实验结果表明：声并矢量传感器具有余弦平方的指向性。

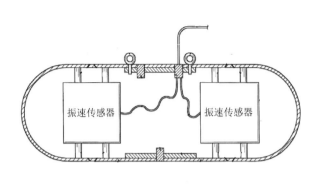

图 7.1　u-u 水下声强探头

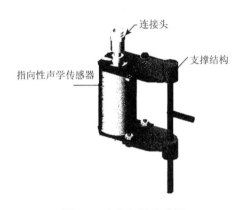

图 7.2　声并矢量传感器

2000～2003 年，Hines 等分析测量了由 6 只声压水听器组成的线阵的五阶超指向性[5-7]，基阵阵元间距 0.16m。结果表明：和常规基阵相比，尽管出现了系统自噪声，但由于获得了声学高阶量，基阵获得了较大的增益。Cray 等于 2002～2003 年扩展了二阶以上声接收器的理论，同时指出，尽管高阶声传感器在指向性上有较大提高，但这些传感器对非声学噪声更加敏感[8-10]。2007 年，Schmidlin 拓展了 Silvia 提出的多通道空间滤波的理论，将高阶传感器的理论扩展到任意阶[11]。

2001 年，Cray 等发明了一种高指向性水声接收器[12]，如图 7.3 所示。该水声接收器工作频段 100Hz～2kHz，在其内部，三对加速度计相互正交且等间距地分布在弹性透声硅胶介质中，实现弹性悬挂。

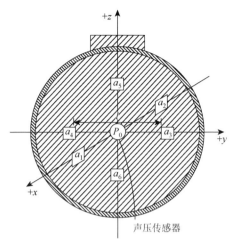

图 7.3　高指向性水声接收器（一）

McConnell 等于 2006 年通过使用圆柱形多模水听器实现高指向性水声接收器[13]，见图 7.4。其原理是将径向极化的压电圆环切割成多个部分，通过各部分的多次有限差分获得声场声压高阶梯度量，从而使声接收器获得更高的指向性。理论和实验表明：一个二阶传感器可以提供 65° 的波束宽度和 9.5dB 的最大阵增益，而一般矢量水听器只能同时提供 105° 的波束宽度和 6dB 的最大阵增益。

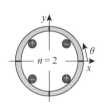

图 7.4　高指向性水声接收器（二）

近年来，国内对于二阶声接收器也开展了相关研究。图 7.5 为哈尔滨工程大学研制的二阶组合式矢量水听器[14, 15]。

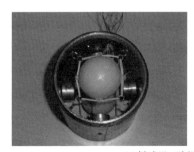

(a) 椭球形二阶组合式矢量水听器

(b) 多维组合式矢量水听器

图 7.5　哈尔滨工程大学研制的二阶组合式矢量水听器

7.2　声场泰勒级数展开

在声学理论分析中，通常用声压来描述声场。将声压量进行泰勒级数展开，省略时间因子 $e^{j\omega t}$，有

$$
p(\mathbf{r}) = p(\mathbf{r}_0) + [\mathbf{r} - \mathbf{r}_0]\begin{bmatrix} \dfrac{\partial p}{\partial x} \\[2mm] \dfrac{\partial p}{\partial y} \\[2mm] \dfrac{\partial p}{\partial z} \end{bmatrix} + \dfrac{1}{2}[\mathbf{r} - \mathbf{r}_0]\begin{bmatrix} \dfrac{\partial^2 p}{\partial x^2} & \dfrac{\partial}{\partial y}\dfrac{\partial p}{\partial x} & \dfrac{\partial}{\partial z}\dfrac{\partial p}{\partial x} \\[3mm] \dfrac{\partial}{\partial x}\dfrac{\partial p}{\partial y} & \dfrac{\partial^2 p}{\partial y^2} & \dfrac{\partial}{\partial z}\dfrac{\partial p}{\partial y} \\[3mm] \dfrac{\partial}{\partial x}\dfrac{\partial p}{\partial z} & \dfrac{\partial}{\partial y}\dfrac{\partial p}{\partial z} & \dfrac{\partial^2 p}{\partial z^2} \end{bmatrix}[\mathbf{r} - \mathbf{r}_0]^{\mathrm{T}} + R_3
$$

$$（7\text{-}1）$$

式中，R_3 为高阶无穷小量。

简谐平面波声场中，根据欧拉方程[16]，得出声压梯度和声质点加速度之间的关系：

$$
\nabla p = -\rho \mathbf{a} \tag{7-2}
$$

两边同时进行矢量梯度运算，有

$$
\nabla\nabla p = -\nabla(\rho\mathbf{a}) = -\mathbf{a}\nabla\rho - \rho\nabla\mathbf{a} \approx -\rho\nabla\mathbf{a} \tag{7-3}
$$

$$
\nabla\mathbf{a} \equiv \begin{bmatrix} \dfrac{\partial a_x}{\partial x} & \dfrac{\partial a_y}{\partial x} & \dfrac{\partial a_z}{\partial x} \\[3mm] \dfrac{\partial a_x}{\partial y} & \dfrac{\partial a_y}{\partial y} & \dfrac{\partial a_z}{\partial y} \\[3mm] \dfrac{\partial a_x}{\partial z} & \dfrac{\partial a_y}{\partial z} & \dfrac{\partial a_z}{\partial z} \end{bmatrix} \tag{7-4}
$$

式中，忽略高阶小量 $\mathbf{a}\nabla\rho$，$\nabla\mathbf{a}$ 是一个二阶张量或称为并矢量。根据平面波声矢量场的无旋性：

$$\nabla \times \boldsymbol{a} = \nabla \times \left(\frac{-1}{\rho} \nabla p \right) = \frac{-1}{\rho} \cdot \nabla \times (\nabla p) = 0 \qquad (7\text{-}5)$$

可得

$$\frac{\partial a_z}{\partial y} = \frac{\partial a_y}{\partial z}, \quad \frac{\partial a_x}{\partial z} = \frac{\partial a_z}{\partial x}, \quad \frac{\partial a_y}{\partial x} = \frac{\partial a_x}{\partial y} \qquad (7\text{-}6)$$

在小振幅声场中:

$$\rho = \rho_1 + \rho_0 \approx \rho_0 \qquad (7\text{-}7)$$

式中, ρ_0 是介质静态密度; ρ 是介质瞬态密度; ρ_1 是密度变化量。

将式 (7-2) ～式 (7-7) 代入式 (7-1), 省略高阶无穷小量得

$$p(\boldsymbol{r}) \approx p(\boldsymbol{r}_0) + \rho_0 [\boldsymbol{r}_0 - \boldsymbol{r}] \begin{bmatrix} a_x \\ a_y \\ a_z \end{bmatrix} + \frac{1}{2} \rho_0 [\boldsymbol{r}_0 - \boldsymbol{r}] \begin{bmatrix} \dfrac{\partial a_x}{\partial x} & \dfrac{\partial a_y}{\partial x} & \dfrac{\partial a_z}{\partial x} \\ \dfrac{\partial a_y}{\partial x} & \dfrac{\partial a_y}{\partial y} & \dfrac{\partial a_z}{\partial y} \\ \dfrac{\partial a_z}{\partial x} & \dfrac{\partial a_z}{\partial y} & \dfrac{\partial a_z}{\partial z} \end{bmatrix} [\boldsymbol{r} - \boldsymbol{r}_0]^{\mathrm{T}} \quad (7\text{-}8)$$

从式 (7-1) 和式 (7-8) 可以看出, 声场泰勒级数展开式的每一项都和一个声学量对应。零阶项对应声压量, 通常用声压水听器或声压阵测得; 一阶项对应声场中矢量 (声压一阶梯度、质点振速或质点加速度等) 的三个分量, 可以通过三维矢量水听器获得; 二阶项是一个二阶张量 (并矢量) 矩阵, 对应声压二阶梯度 (或质点振速梯度、加速度梯度)。根据声场的线性连续方程

$$\rho = \frac{\mathrm{j}}{\omega} \rho_0 (\nabla u) = \frac{\rho_0 (\nabla a)}{\omega^2} \qquad (7\text{-}9)$$

可知, 展开式中的二阶项和声场瞬态密度对应。文献[4]称这种能获得声场并矢量六分量信息的传感器为声并矢量传感器。本章将能同时测量声场零阶及一、二阶声学量的接收器称为组合式声接收器。

7.3 组合式声接收器的指向性

相比矢量水听器, 组合式声接收器不但能获得声场中的标、矢量信息, 还能测得声学并矢量信息, 从而提高指向性。本节从理论上分析组合式声接收器的指向性。

7.3.1 孔径概念的应用

在声学中, "孔径" 一词用来指单个电声换能器或电声换能器基阵, 换能器或

基阵指向性函数的空间傅里叶变换一般用孔径函数表示，因此可以通过对比分析各阶水听器声孔径的大小，得出各自指向性的特点[17]。

首先定义列矢量：

$$r = \begin{bmatrix} x \\ y \\ z \end{bmatrix}, \quad r_0 = \begin{bmatrix} x_0 \\ y_0 \\ z_0 \end{bmatrix} \tag{7-10}$$

$$\nabla p(x_0, y_0, z_0, t) = \left[\begin{array}{ccc} \dfrac{\partial p}{\partial x} & \dfrac{\partial p}{\partial y} & \dfrac{\partial p}{\partial z} \end{array}\right]'\bigg|_{x=x_0, y=y_0, z=z_0} \tag{7-11}$$

和 Hessian（海塞）矩阵：

$$\nabla\nabla p(x_0, y_0, z_0, t) = \left|\begin{array}{ccc} \dfrac{\partial^2 p}{\partial x^2} & \dfrac{\partial}{\partial x}\dfrac{\partial p}{\partial y} & \dfrac{\partial}{\partial x}\dfrac{\partial p}{\partial z} \\[2ex] \dfrac{\partial}{\partial y}\dfrac{\partial p}{\partial x} & \dfrac{\partial^2 p}{\partial y^2} & \dfrac{\partial}{\partial y}\dfrac{\partial p}{\partial z} \\[2ex] \dfrac{\partial}{\partial z}\dfrac{\partial p}{\partial x} & \dfrac{\partial}{\partial z}\dfrac{\partial p}{\partial y} & \dfrac{\partial^2 p}{\partial z^2} \end{array}\right|_{x=x_0, y=y_0, z=z_0} \tag{7-12}$$

将式（7-10）～式（7-12）代入式（7-1）中，舍去高阶余项，得到

$$\hat{p}(x, y, z, t) = p(x_0, y_0, z_0, t) + (r - r_0)\nabla p(x_0, y_0, z_0, t)$$
$$+ \frac{1}{2}(r - r_0)\nabla\nabla p(x_0, y_0, z_0, t)(r - r_0) \tag{7-13}$$

式中，函数 $\hat{p}(x, y, z, t)$ 是声场 $p(x, y, z, t)$ 的估计量，它可以由组合式声接收器测量得到。由式（7-13）可得，如果用 $\hat{p}(x, y, z, t)$ 来估计声场 $p(x, y, z, t)$，就能推算出在一定误差下，以测量点 r_0 为圆心、$R = |r - r_0|$ 为半径的整个球体区域的声场，这里 R 和指向性水听器的种类以及幂级数有限项展开误差有关。这里，引入声场估计误差函数 $\varepsilon(t, r)$。单只零阶声压水听器只能测 r_0 处的声压，若用这点的声压值估算 r_0 周围的声场，即 $\hat{p}(t, r) = p(t, r_0)$，则对应的估计误差为 $\varepsilon(t, r) = p(t, r) - p(t, r_0)$。当要求误差很小时（如 10%），$R$ 就会很小，说明单声压水听器的声孔径很小，这和通过空间傅里叶变换理论得出的声压水听器是无指向性的结论一致。矢量水听器能获得 r_0 处的声压量和声压梯度量，所以声场估计值为 $\hat{p}(t, r) = p(t, r_0) + (r - r_0)\cdot\nabla p(t, r_0)$，对应的估计误差为

$$\varepsilon(t, r) = p(t, r) - \hat{p}(t, r)$$
$$= p(t, r) - (p(t, r_0) + (r - r_0)\cdot\nabla p(t, r_0)) \tag{7-14}$$

对于相同的估计误差，由于矢量水听器的声孔径比声压水听器大，所以矢量

水听器具有更好的指向性能。以此类推，相比标量和矢量水听器，组合式声接收器在推算声场方面更精确，具有更高的指向性。

如图 7.6 所示，在平面波声场中，定义点 r_0 附近声场的均方误差估计：

$$\text{MSE} = \frac{1}{\pi T} \int_0^\pi \int_0^T |\varepsilon(t,r)|^2 \, \mathrm{d}t\mathrm{d}\beta \tag{7-15}$$

式中，T 是声波的周期；β 是 $\hat{n}$ 和 $\hat{r}$ 之间的角度（分别是 k 和 r 的单位矢量）。

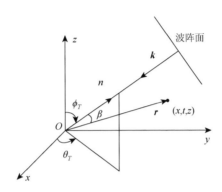

图 7.6　直角坐标系中平面波的传播

由文献[4]可知，对于标量、矢量和组合式声接收器，归一化均方误差是 R/λ 的函数。当 MSE 是一特定值 10%时，标量水听器的声孔径（2R）大约为 $\lambda/10$，而矢量水听器和组合式声接收器的声孔径约是 $\lambda/3$ 和 $\lambda/2$，图 7.7 是对其形象的表示。

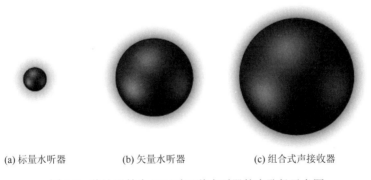

(a) 标量水听器　　　　　(b) 矢量水听器　　　　　(c) 组合式声接收器

图 7.7　估计误差为 10%时三种水听器的声孔径示意图

7.3.2　自然指向性

组合式声接收器具有标量、矢量和并矢量通道，每个通道都有各自的指向性。下面从理论上分析组合式声接收器各通道的指向性。

对于谐和平面波，用声压表示有

$$p(\boldsymbol{r},t) = P_0 e^{j(\omega t - \boldsymbol{k} \cdot \boldsymbol{r})}$$

$$= P_0 \exp(j(\omega t - (k_0 \cos\theta\sin\varphi \cdot x + k_0 \sin\theta\sin\varphi \cdot y + k_0 \cos\varphi \cdot z))) \quad （7\text{-}16）$$

式中，$k_0 = \omega/c = 2\pi/\lambda$。不失一般性，只在 xy 平面内讨论，令 $\varphi = \pi/2$，由式（7-16）得

$$\frac{\partial p}{\partial x} = jk_0 \cos\theta \cdot p(\boldsymbol{r},t), \qquad \frac{\partial p}{\partial y} = jk_0 \sin\theta \cdot p(\boldsymbol{r},t) \quad （7\text{-}17）$$

$$a_x = -\frac{jk_0}{\rho_0}\cos\theta \cdot p(\boldsymbol{r},t), \qquad a_y = -\frac{jk_0}{\rho_0}\sin\theta \cdot p(\boldsymbol{r},t) \quad （7\text{-}18）$$

$$\frac{\partial^2 p}{\partial x^2} = (jk_0)^2 \cos^2\theta \cdot p(\boldsymbol{r},t), \qquad \frac{\partial^2 p}{\partial y^2} = (jk_0)^2 \sin^2\theta \cdot p(\boldsymbol{r},t) \quad （7\text{-}19）$$

$$\frac{\partial a_x}{\partial x} = \frac{k_0^2}{\rho_0}\cos^2\theta \cdot p(\boldsymbol{r},t), \qquad \frac{\partial a_y}{\partial y} = \frac{k_0^2}{\rho_0}\sin^2\theta \cdot p(\boldsymbol{r},t) \quad （7\text{-}20）$$

$$\frac{\partial^2 p}{\partial x\partial y} = \frac{\partial^2 p}{\partial y\partial x} = (jk_0)^2 \cos\theta\sin\theta \cdot p(\boldsymbol{r},t), \qquad \frac{\partial a_x}{\partial y} = \frac{\partial a_y}{\partial x} = \frac{k_0^2}{\rho_0}\cos\theta\sin\theta \cdot p(\boldsymbol{r},t)$$

$$（7\text{-}21）$$

于是得到组合式声接收器各通道的指向性函数 $B(\theta)$，见图 7.8。从图中可以看出，组合式声接收器的并矢量通道的指向性具有 $\cos^2\theta$ 和 $\cos\theta\sin\theta$ 的形式，波束开角更窄。本章重点研究声压二阶纯偏导量对应的指向性，如图 7.4（c）所示。

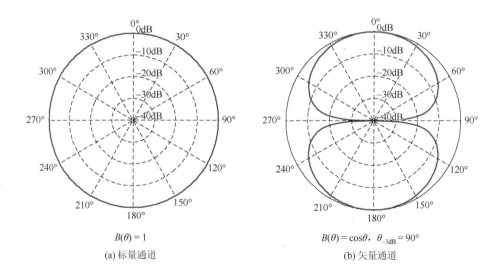

(a) 标量通道　　　　　　　　(b) 矢量通道

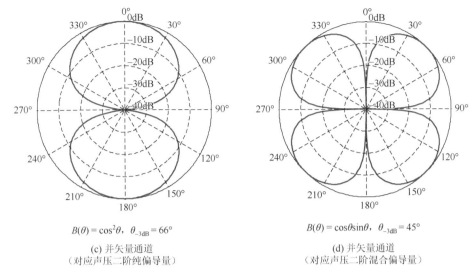

$$B(\theta) = \cos^2\theta,\ \theta_{-3\text{dB}} = 66°$$

(c) 并矢量通道
（对应声压二阶纯偏导量）

$$B(\theta) = \cos\theta\sin\theta,\ \theta_{-3\text{dB}} = 45°$$

(d) 并矢量通道
（对应声压二阶混合偏导量）

图 7.8　组合式声接收器各通道的指向性图

换个角度分析，并矢量通道配对使用的两只矢量水听器如果看成二元矢量阵[18, 19]，也可以得到图 7.8（c）所示的结果。

首先，对于二元声压阵，其指向性为

$$R(\theta) = \sin\left(\frac{k\Delta x \cdot \cos\theta}{2}\right) \tag{7-22}$$

当阵元具有偶极子指向性时，根据乘积定理得到基阵的指向性：

$$R'(\theta) = \sin\left(\frac{k\Delta x \cdot \cos\theta}{2}\right)\cos\theta \tag{7-23}$$

当且仅当 $k\Delta x \ll 1$ 时，指向性可近似为 $R'(\theta) = \cos^2\theta$。

7.3.3　组合指向性

在实际中，常将矢量水听器获取的声压和质点振速信号进行联合处理，得到各种指向性，如单边心形指向性。一阶心形指向性用零阶声压量和一阶矢量组合，用式（7-24）表示为

$$B(\alpha,\theta,\varphi) = (\alpha + (1-\alpha)\cos\theta\sin\varphi) \tag{7-24}$$

式中，α 是任意加权值；θ 是方位角；φ 是俯仰角。

相似地，由于引入了二阶声场量，可以组合形成二阶心形指向性。二阶心形指向性用零阶声压量、一阶矢量以及二阶并矢量组合，表示为

$$B(\alpha,\theta,\varphi) = (\alpha + (1-\alpha)\cos\theta\sin\varphi)^2$$
$$= (\alpha^2 + 2\alpha(1-\alpha)\cos\theta\sin\varphi + (1-\alpha)^2\cos^2\theta\sin^2\varphi) \tag{7-25}$$

指向性指数定义为 $\mathrm{DI} = 10\lg(\mathrm{DF})$，因此通过不同的组合指向性函数可得到不同的指向性指数。

$$\mathrm{DF} = \frac{4\pi}{\displaystyle\int_0^{2\pi}\int_0^{\pi} B^2(\alpha,\theta,\varphi)\sin\varphi\,\mathrm{d}\varphi\,\mathrm{d}\theta} \tag{7-26}$$

目前，矢量水听器指向性图普遍使用的是"最优零值"和"最大指向性指数"波束图。如图 7.9 所示，当 $\alpha = 0.5$ 时，一阶和二阶心形图均具有最优零值，其指向性指数分别为 4.8dB 和 7.0dB；当 $\alpha = 0.25$ 时，一阶心形指向性具有最大指向性指数 6.0dB；当 $\alpha = 0.5$ 时，二阶心形指向性具有最大指向性指数 8.7dB。由此可见，在目标检测方面，组合式声接收器具有更强的抗噪声能力。

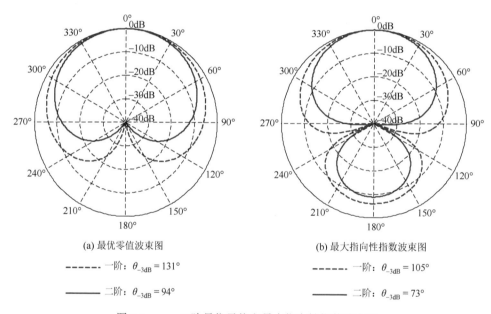

(a) 最优零值波束图　　　　　　　(b) 最大指向性指数波束图

- - - - - 一阶：$\theta_{-3\mathrm{dB}} = 131°$　　　 - - - - - 一阶：$\theta_{-3\mathrm{dB}} = 105°$

———— 二阶：$\theta_{-3\mathrm{dB}} = 94°$　　　 ———— 二阶：$\theta_{-3\mathrm{dB}} = 73°$

图 7.9　一、二阶最优零值和最大指向性指数波束图

上面的分析是基于单个加权值的结果，当分析二阶心形指向性时，可以用两个独立的加权值来计算指向性指数，如式（7-27）所示：

$$B(\alpha,\beta,\theta,\varphi) = (\alpha + (1-\alpha)\cos\theta\sin\varphi)(\beta + (1-\beta)\cos\theta\sin\varphi)$$
$$= (\alpha\beta + (\alpha(1-\beta) + \beta(1-\alpha))\cos\theta\sin\varphi + (1-\alpha)(1-\beta)\cos^2\theta\sin^2\varphi) \tag{7-27}$$

式中，α、β 是独立的加权值，且 $-1 \leqslant \alpha \leqslant 1$，$-1 \leqslant \beta \leqslant 1$。通过式（7-27）计算

可知，当 $\alpha = 0.4$、$\beta = -0.4$ 时，得到最大指向性指数 9.5dB，对应的指向性波束图包括一个主瓣、两个旁瓣以及一个尾瓣，其中主瓣宽度 $\theta_{-3\mathrm{dB}} = 65°$，如图 7.10 所示。

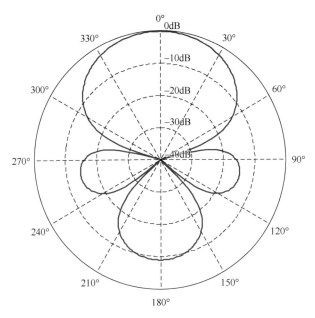

图 7.10　加权值 α 和 β 独立时的二阶最大指向性指数波束图

7.4　有限差分近似误差分析

有限差分法是一种离散方法，用一个差值多项式及其微分的形式来代替微分方程的解。一般认为，当 Δr 相比声波波长很小时，可用有限差近似的方法计算声压梯度值，压差式矢量水听器就是利用这样的原理：

$$\frac{\partial p}{\partial r} = \lim_{\Delta r \to 0} \frac{p_2 - p_1}{\Delta r} \tag{7-28}$$

所以也可用相同的办法来估计声质点加速度梯度值。设声场中相距 Δx 的两点的质点加速度值分别为 a_1 和 a_2，如图 7.11 所示。

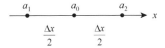

图 7.11　有限差分近似原理

因此有

$$\frac{\partial a_x}{\partial x}\bigg|_{x=0} = \lim_{\Delta x \to 0} \frac{a_2 - a_1}{\Delta x} \approx \frac{a_x\big|_{x=\frac{\Delta x}{2}} - a_x\big|_{x=\frac{\Delta x}{2}}}{\Delta x} \tag{7-29}$$

通常，有限差分近似误差可以通过傅里叶误差分析得到[20]。设声质点加速度为

$$a(x, y, z, t) = A \exp(-j(k_x \cdot x + k_y \cdot y + k_z \cdot z)) \cdot e^{j\omega t} \tag{7-30}$$

式中，$k_x = k \cos\theta \sin\varphi$；$k_y = k \sin\theta \sin\varphi$；$k_z = k \cos\varphi$；$\theta$ 是方位角；φ 是俯仰角。仅考虑在 x 方向，省略谐和时间因子 $e^{j\omega t}$，有

$$a(x) = A \exp(-jk_x \cdot x) \tag{7-31}$$

$$\frac{\partial a(x)}{\partial x} = -jk_x \cdot A \exp(-jk_x \cdot x) \tag{7-32}$$

$$\begin{aligned}
\frac{\Delta a}{\Delta x} &= \frac{a\left(x - \frac{\Delta x}{2}\right) - a\left(x + \frac{\Delta x}{2}\right)}{\Delta x} \\
&= \frac{A \exp\left(jk_x \cdot \frac{\Delta x}{2}\right) - A \exp\left(-jk_x \cdot \frac{\Delta x}{2}\right)}{\Delta x} \cdot A \exp(-jk_x \cdot x) \\
&= \left(j\frac{\sin\left(k_x \cdot \frac{\Delta x}{2}\right)}{\frac{\Delta x}{2}}\right) \cdot A \exp(-jk_x \cdot x)
\end{aligned} \tag{7-33}$$

计算得到百分比误差为

$$\delta = \left|\frac{\frac{\partial a(x)}{\partial x} - \frac{\Delta a}{\Delta x}}{\frac{\partial a(x)}{\partial x}}\right| \times 100\% = \left|\frac{\sin\left(k_x \cdot \frac{\Delta x}{2}\right)}{k_x \cdot \frac{\Delta x}{2}} - 1\right| \times 100\% \tag{7-34}$$

分贝误差为

$$\varepsilon = 20 \lg \left|\frac{\sin\left(k_x \cdot \frac{\Delta x}{2}\right)}{k_x \cdot \frac{\Delta x}{2}}\right| \tag{7-35}$$

在 $\theta = 0$、$\varphi = \pi/2$ 条件下，$\Delta x/\lambda$ 与两种误差之间的关系如图 7.12 所示。例如，当 $\Delta x = \lambda/6$ 时，有限差分百分比误差为 4.5%，分贝误差为 –0.4dB。有限差分误差随着 $\Delta x/\lambda$ 比值的变大而迅速增大，因此应根据工作频带的上限频率和最大允许误差确定水听器的间距。

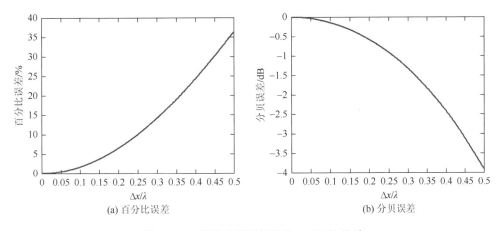

图 7.12　有限差分近似误差和 $\Delta x / \lambda$ 的关系

以上结论是基于水听器的响应一致的情况得出的，实际中这样理想的情况几乎不存在，接下来将分别讨论矢量水听器幅度响应和相位响应的不一致对有限差分近似的影响。

7.4.1　矢量水听器幅度失配

由于制作工艺等原因，矢量水听器的灵敏度响应不可能完全一致。本节先分析幅度响应不一致对有限差分近似的影响。首先对于任意平面波有

$$a(t,\boldsymbol{r}) = f\left(t + \frac{\boldsymbol{n} \cdot \boldsymbol{r}}{c}\right) \tag{7-36}$$

式中，$\boldsymbol{n}$ 是波数 $\boldsymbol{k}$ 的单位矢量。

对 $a(t,\boldsymbol{r})$ 进行傅里叶变换：

$$A(\omega,\boldsymbol{r}) = \int_{-T}^{T} a(t,\boldsymbol{r}) \mathrm{e}^{-\mathrm{j}\omega t} \mathrm{d}t = F(\omega)\mathrm{e}^{\mathrm{j}\boldsymbol{k} \cdot \boldsymbol{r}} \tag{7-37}$$

加速度梯度对应的傅里叶变换为

$$\frac{\partial A(\omega,\boldsymbol{r})}{\partial \boldsymbol{r}} = \int_{-T}^{T} \frac{\partial a(t,\boldsymbol{r})}{\partial \boldsymbol{r}} \mathrm{e}^{-\mathrm{j}\omega t} \mathrm{d}t = F(\omega)\mathrm{e}^{\mathrm{j}\boldsymbol{k} \cdot \boldsymbol{r}} \cdot \mathrm{j}\boldsymbol{k} \tag{7-38}$$

当声波作用到矢量水听器上时，水听器就会输出电压信号，用傅里叶变换形式表示为

$$V(\omega, r) = K(\omega)A(\omega, r) \tag{7-39}$$

$$V'(\omega, r) = K(\omega)\frac{\partial A(\omega, r)}{\partial r} = F(\omega)\mathrm{e}^{\mathrm{j}k \cdot r} \cdot \mathrm{j}k = V(\omega, r) \cdot \mathrm{j}k \tag{7-40}$$

当声场中有两只水听器时，输出信号之差为

$$\Delta V(\omega, r) = V_2(\omega, r) - V_1(\omega, r) = K_2(\omega)A_2(\omega, r) - K_1(\omega)A_1(\omega, r) \tag{7-41}$$

当两只水听器匹配一致时，$K_1(\omega) = K_2(\omega)$。当两只水听器失配时，定义水听器的失配函数为 $M(\omega)$，用式（7-42）描述为

$$M(\omega) = \frac{K_2(\omega)}{K_1(\omega)} = \mu(\omega)\mathrm{e}^{\mathrm{j}\zeta(\omega)} \tag{7-42}$$

式中，$\mu(\omega)$ 为幅度失配函数；$\zeta(\omega)$ 为相位失配函数。结合式（7-41）和式（7-42）有

$$\frac{\Delta V(\omega, r)}{\Delta x \cdot K_1(\omega)} = F(\omega)\frac{\mu(\omega)\mathrm{e}^{\mathrm{j}\left(\zeta(\omega) - k_x\frac{\Delta x}{2}\right)} - \mathrm{e}^{\mathrm{j}k_x\frac{\Delta x}{2}}}{\Delta x} \tag{7-43}$$

对式（7-41）取幅值有

$$\left|\frac{\Delta V(\omega, r)}{\Delta x \cdot K_1(\omega)}\right| = |F(\omega)|\left|\frac{\mu(\omega)\mathrm{e}^{\mathrm{j}\left(\zeta(\omega) - k_x\frac{\Delta x}{2}\right)} - \mathrm{e}^{\mathrm{j}k_x\frac{\Delta x}{2}}}{\Delta x}\right|$$

$$= |F(\omega)|\frac{\sqrt{\mu^2 - 2\mu\cos(k_x\Delta x - \zeta) + 1}}{\Delta x} \tag{7-44}$$

所以，相应的有限差分误差的分贝值就是

$$\varepsilon = 20\lg\left|\frac{\sqrt{\mu^2 - 2\mu\cos(k_x\Delta x - \zeta) + 1}}{k_x\Delta x}\right| \tag{7-45}$$

当 $\mu = 1$、$\zeta = 0$ 时，不存在幅度失配和相位失配。首先假设不存在相位失配，即 $\zeta = 0$，将 $k_x = 2\pi n_x / \lambda$，$n_x = \cos\theta\sin\varphi$ 代入式（7-45），有

$$\varepsilon = 20\lg\left|\frac{\sqrt{\mu^2 - 2\mu\cos(2\pi(n_x\Delta x / \lambda)) + 1}}{2\pi(n_x\Delta x / \lambda)}\right| \tag{7-46}$$

以 $\Delta x / \lambda$ 为横坐标、幅度失配误差为纵坐标，绘制幅度失配的有限差分误差等高

线图（图 7.13）。从图中可以看出 $n_x = \pm 1$ 时 $\Delta x / \lambda$、μ 和差分误差之间的关系。当传感器幅度失配–1dB 时，要使估计误差小于–0.5dB，则水听器的间距应小于波长的10%；当 $n_x = \pm 1/2$ 时，要达到同样的效果，则水听器的间距应小于波长的 20%，所以 $|n_x| = 1$ 是最具有约束的条件。

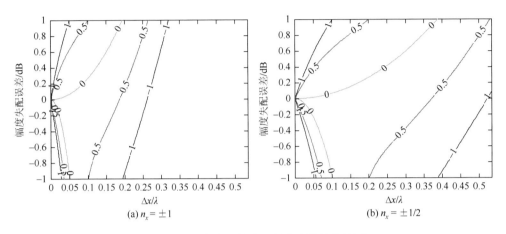

(a) $n_x = \pm 1$　　　　　　　　　(b) $n_x = \pm 1/2$

图 7.13　幅度失配的有限差分误差等高线图

7.4.2　矢量水听器相位失配

当 $\mu = 1$、ζ 时，式（7-45）中仅存在相位失配而没有幅度失配，可以写为

$$\varepsilon = 20\lg \left| \frac{\sqrt{2 - 2\cos(2\pi n_x \Delta x / \lambda - \zeta)}}{2\pi n_x \Delta x / \lambda} \right| \tag{7-47}$$

当 n_x 分别取 ± 1 和 $\pm 1/2$ 时，以 $\Delta x / \lambda$ 为横坐标、相位偏差角 ζ 为纵坐标，绘制有限差分误差等高线，如图 7.14 所示。从图中可以看出，矢量水听器间相位失配角的出现，使得水听器间距和波长比值 $\Delta x / \lambda$ 与有限差分近似误差的关系更加复杂，而且还和声源的方位有关。

分析原因：声场中水听器所在两点相对声源的相位差是两只水听器有不同输出的根本原因，若水听器本身之间还存在相位失配，那么总相位差就会发生变化，有限差分近似误差也随之变化。这就会出现一种情况：一定的方位角下，在一个很窄的频带内，当矢量水听器的相位失配角为某一值时，即使水听器间距不无限趋于零，有限差分估计误差也能变成零。由于矢量水听器的相位特性和很多因素有关，不容易控制，所以实际中应以矢量水听器的相位校准结果为准，并结合图 7.14 进行相关设计。

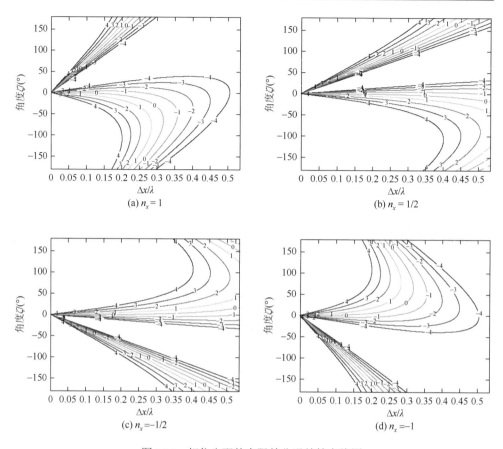

图 7.14　相位失配的有限差分误差等高线图

7.4.3　矢量水听器最小响应值对测量的影响

矢量水听器所处声场两点处的声质点加速度差值应大于矢量水听器的最小响应值，否则有限差分输出为零。设加速度式矢量水听器最小响应值为 q（即内置加速度计分辨力），则有

$$
\begin{aligned}
\Delta a &= a\left(\frac{\Delta x}{2}\right) - a\left(-\frac{\Delta x}{2}\right) \\
&= A\exp\left(-\mathrm{j}k_x \cdot \frac{\Delta x}{2}\right) - A\exp\left(\mathrm{j}k_x \cdot \frac{\Delta x}{2}\right) \\
&= -\mathrm{j}2A\sin\left(k_x \cdot \frac{\Delta x}{2}\right)
\end{aligned}
\tag{7-48}
$$

取幅值有

$$|\Delta a| = 2A\sin\left(k_x \cdot \frac{\Delta x}{2}\right) \geqslant q \qquad (7\text{-}49)$$

这里 A 由声场强度决定，从式（7-49）可以得出，当声场强度 A 和传感器的分辨力 q 一定时，k_x 将取得极小值，即水听器具有下限频率。例如，当 $q = 0.001g$、$A = 0.1g$、$k_x = 2\pi/\lambda$ 时，$\Delta x/\lambda$ 应大于 0.0016，即当工作下限频率为 100Hz 时，水听器间距应大于 0.024m。A 与 $\Delta x/\lambda$ 以及 q 的关系如图 7.15 所示。

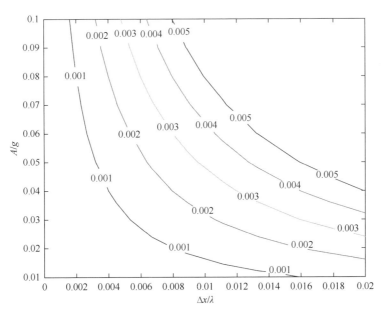

图 7.15　A 与 $\Delta x/\lambda$ 以及 q 的关系

7.5　误差对组合式声接收器指向性的影响

前面分析了矢量水听器间距以及其响应一致性等对有限差分近似误差的影响，下面将具体分析矢量水听器安装间距和安装误差对指向性的影响。

7.5.1　间距对指向性的影响

根据式（7-23），当矢量水听器间距为 Δx 时，通过有限差分近似得到组合式声接收器并矢量通道的指向性函数：

$$R(\theta) = \sin\left(\frac{\pi\Delta x}{\lambda}\cos\theta\right)\cos\theta \qquad (7\text{-}50)$$

根据式（7-50），绘制不同 $\Delta x/\lambda$ 值对应并矢量通道的指向性图，如图 7.16 所示。

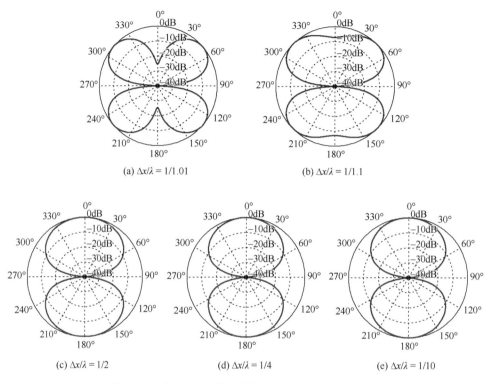

(a) $\Delta x/\lambda = 1/1.01$ (b) $\Delta x/\lambda = 1/1.1$

(c) $\Delta x/\lambda = 1/2$ (d) $\Delta x/\lambda = 1/4$ (e) $\Delta x/\lambda = 1/10$

图 7.16　不同 $\Delta x/\lambda$ 值对应的并矢量通道的指向性图

有限差分误差和指向性开角的关系如表 7.1 所示。

表 7.1　有限差分误差和指向性开角的关系

$\Delta x/\lambda$	指向性开角/(°)	误差/dB
1/2	81.0	−3.92
1/3	71.0	−1.65
1/4	68.5	−0.91
1/6	66.7	−0.40
1/10	66.0	−0.14
极限值	65.6	0

结合图 7.16 和表 7.1 可以得出，当 $\Delta x/\lambda$ 值越小时，误差越小，指向性开角

也越接近理论值，实际设计中应根据需要确定 $\Delta x / \lambda$ 的值。另外，矢量阵阵元间距一般为半波长，这里能看出组合式声接收器与二元矢量阵的区别。

7.5.2　敏感轴向偏差对指向性的影响

以上的理论计算都是在配对使用的两只矢量水听器的敏感轴向一致的情况下得到的，但是这一点在实际装配中很难保证。下面讨论敏感轴向偏差对指向性的影响。

如图 7.17 所示，假设谐和平面波声场中，声波沿与 x 轴成 θ 角入射到相距 Δx 的两只矢量水听器上，其中位于 x_2 处的矢量水听器敏感轴偏离角度为 θ_c。

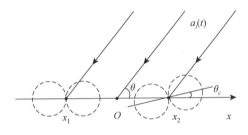

图 7.17　平面波入射示意图

入射声波用质点加速度表示为

$$a_i(t) = A e^{j(\omega t - kr)} \tag{7-51}$$

省略谐和时间因子，矢量水听器所在声场处的质点加速度值为

$$a_1 = a_i \cdot e^{jk\frac{\Delta x}{2}\cos\theta}, \quad a_2 = a_i \cdot e^{-jk\frac{\Delta x}{2}\cos\theta} \tag{7-52}$$

由于矢量水听器具有 x 轴的方向性，则

$$a_{1x} = a_i \cdot e^{-jk\frac{\Delta x}{2}\cos\theta} \cdot \cos\theta, \quad a_{2x} = a_i \cdot e^{jk\frac{\Delta x}{2}\cos\theta} \cdot \cos(\theta - \theta_c) \tag{7-53}$$

$$\left| \frac{a_{2x} - a_{1x}}{\Delta x} \right| = A \left| \frac{e^{jk\frac{\Delta x}{2}\cos\theta} \cdot \cos(\theta - \theta_c) - e^{-jk\frac{\Delta x}{2}\cos\theta} \cdot \cos\theta}{\Delta x} \right| \tag{7-54}$$

令 $\Delta x / \lambda$ 分别为 1/4、1/10 和 1/20，代入式（7-52）并绘制指向性图，见图 7.18。从图中可以看出，当矢量水听器敏感方向不一致时，并矢量通道指向性会发生畸变，其指向性分辨能力降低，并且极大值方向和既定方向也会出现偏差。角

度偏差越大，指向性畸变越严重，而且随着 $\Delta x/\lambda$ 值的减小，角度偏差影响会加大。

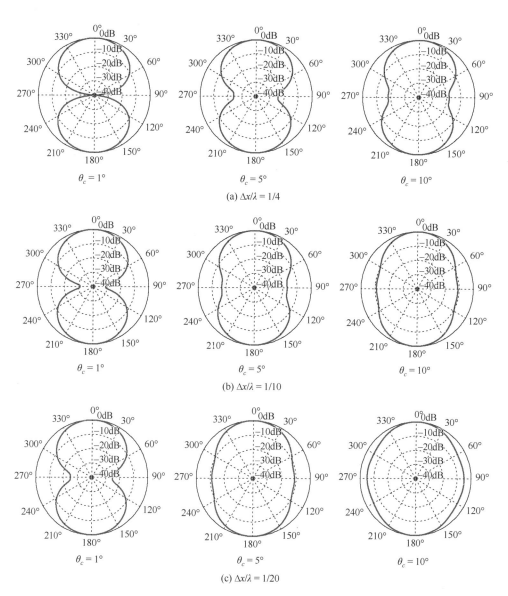

图 7.18　安装偏差以及 $\Delta x/\lambda$ 比值对指向性的影响

7.6 声场二阶量测声强

相比传统的声压测量技术，声强测量技术能同时获得声压标量和质点振速矢量信息，可以得到声场势能密度、动能密度和声能密度，能够全面地描述声场能量的传播规律。声强测量中有一种双振速水听器测量法，即 u-u 法，其原理就是采用有限差分近似估计声场二阶量[1, 2]。

根据线性连续性方程、运动方程以及状态方程得到声场一阶、二阶量之间的关系：

$$\frac{\partial \rho}{\partial t} = \rho_0 (\nabla \cdot \boldsymbol{u}) = 0, \quad \rho \frac{\partial \boldsymbol{u}}{\partial t} = -\nabla p, \quad p = c^2 \rho \tag{7-55}$$

$$\frac{\partial p}{\partial t} + c^2 \rho_0 (\nabla \cdot \boldsymbol{u}) = 0 \tag{7-56}$$

$$p = \frac{\mathrm{j}\rho_0 c^2}{\omega} (\nabla \cdot \boldsymbol{u}) \tag{7-57}$$

式中，$\boldsymbol{u}$ 是质点振速；ρ_0 是介质静态密度；ρ 是与声压 p 相关的瞬时密度；ω 是声波角频率；c 是波速。将质点振速分量的有限差分近似代入式（7-57），得到

$$p \approx \frac{\mathrm{j}\rho_0 c^2}{\omega} \left(\frac{\Delta u_x}{\Delta x} + \frac{\Delta u_y}{\Delta y} + \frac{\Delta u_z}{\Delta z} \right) \tag{7-58}$$

式中，Δu_x 是 x 方向上相距 Δx 两点的质点振速的差分（y 和 z 方向类似）。从式（7-58）可以看出，声压取决于质点振速的三个分量。当声场是一维时，用两只单轴向的矢量水听器就可以实现对声压量的测量：

$$u_x = (u_2 + u_1) / 2 \tag{7-59}$$

结合式（7-58）和式（7-59），得到 x 方向的声强为

$$I_x = \frac{\mathrm{j}\rho_0 c^2}{2\omega \Delta x} (u_2 - u_1)(u_2^* + u_1^*) \tag{7-60}$$

显然，声强具有有功分量和无功分量，分别对应式（7-60）的实部和虚部。当声压和振速同相时，声强表现为有功分量，即能量的传输，且时间均值不为零，但不包含传播方向的信息。当声压和振速反相时，声强表现为无功分量，即能量的振荡，时间均值为零。这里令

$$\begin{cases} G_{11} = u_1 u_1^*, \quad G_{12} = u_1 u_2^* \\ G_{21} = u_2 u_1^*, \quad G_{22} = u_2 u_2^* \end{cases} \tag{7-61}$$

根据相位关系得出：自谱密度 G_{11}、G_{22} 只有实部；互谱密度 G_{12}、G_{21} 有实部和虚部，且 $G_{12} = -G_{21}$。于是有

$$I_x = \frac{\mathrm{j}\rho_0 c^2}{2\omega\Delta x}(G_{22} + G_{21} - G_{12} - G_{11}) \tag{7-62}$$

最后得到有功分量：

$$\begin{aligned}
I_x^a &= \mathrm{Re}\left\{\frac{\mathrm{j}\rho_0 c^2}{2\omega\Delta x}(G_{22} + G_{21} - G_{12} - G_{11})\right\} \\
&= \frac{\rho_0 c^2}{2\omega\Delta x}\mathrm{Im}\{G_{22} + G_{21} - G_{12} - G_{11}\} \\
&= -\frac{\rho_0 c^2}{\omega\Delta x}\mathrm{Im}\{G_{12}\}
\end{aligned} \tag{7-63}$$

以及无功分量：

$$\begin{aligned}
I_x^r &= \mathrm{Im}\left\{\frac{\mathrm{j}\rho_0 c^2}{2\omega\Delta x}(G_{22} + G_{21} - G_{12} - G_{11})\right\} \\
&= \frac{\rho_0 c^2}{2\omega\Delta x}\mathrm{Re}\{G_{22} + G_{21} - G_{12} - G_{11}\} \\
&= \frac{\rho_0 c^2}{\omega\Delta x}(G_{22} - G_{11})
\end{aligned} \tag{7-64}$$

当然，这种声强测量方法的精度主要受到有限差分误差的限制，另外还和测量系统设备一致性以及矢量水听器间的匹配程度有关。

参 考 文 献

[1]　D'Spain G L. Relationship of underwater acoustic intensity measurements to beamforming[J]. Canadian Acoustics，1994，22（3）：157-158.

[2]　McConnell J A, Lauchle G C, Gabrielson T B. Two geophone underwater acoustic intensity probe：United States Patent. 6172940[P]. 2001.

[3]　Bastyr K J, Lauchle G C, McConnell J A. Development of a velocity gradient underwater acoustic intensity sensor[J]. Journal of the Acoustical Society of America，1999，106（6）：3178-3188.

[4]　Silvia M T. A theoretical and experimental investigation of acoustical dyadic sensors[C]. SITTEL Technical Report No. TP-4，SITTEL Corporation，Ojai，2001.

[5]　Hines P C, Humphrey V F, Young V. Performance of a superdirective line array in nonideal environments[J]. Journal of the Acoustical Society of America，2003，114：2426.

[6]　Hines P C, Rosenfeld A L, Maranda B H, et al. Evaluation of the endfire response of a superdirective line array in simulated ambient noise environments[C]. Proceedings of the Oceans，Providence，2000：1489-1494.

[7]　Hines P C, Hutt D L, Young V. Measured performance of an endfire superdirective line array in littoral water[J]. Journal of the Acoustical Society of America，2001，110（5）：2740.

[8]　Cray B A. Directional point receivers：The sound and the theory[J]. IEEE Oceans Proceeding，2002，（3）：29-31.

[9]　Cray B A, Evora V M, Nuttall A H. Highly directional acoustic receivers[J]. Journal of the Acoustical Society of America，2003，113（3）：1526-1532.

[10]　Cray B A, Evora V F. Highly directive underwater acoustic receiver：United States Patent. 6697302[P]. 2004.

[11] Schmidlin D J. Directionality of generalized acoustic sensors of arbitrary order[J]. Journal of the Acoustical Society of America，2007，121：3569-3578.

[12] Cray B A，Evora V F. Highly directive underwater acoustic receiver：U. S. 6697302[P]. 2001.

[13] McConnell J A，Jensen S C. Forming first-and second-order cardioids with multimode hydrophones[C]. IEEE Oceans Proceeding，Boston，2006.

[14] 周宏坤. 组合式声接收器的研究[D]. 哈尔滨：哈尔滨工程大学，2012.

[15] 孙心毅. 基于矢量水听器的高指向性二阶水听器的研究[D]. 哈尔滨：哈尔滨工程大学，2014.

[16] 何祚镛，赵玉芳. 声学理论基础[M]. 北京：国防工业出版社，1981.

[17] Schmidlin D J. Distribution theory approach to implementing directional acoustic sensors[J]. Journal of the Acoustical Society of America，2009，127（1）：292-299.

[18] 陈新华，蔡平，惠俊英，等. 声矢量阵指向性[J]. 声学学报，2003，28（2）：141-144.

[19] 惠俊英，惠娟. 矢量信号处理基础[M]. 北京：国防工业出版社，2009.

[20] 张文生. 科学计算中的偏微分方程有限差分法[M]. 北京：高等教育出版社，2006.

索　引